中华人民共和国国家标准

公共建筑标识系统技术规范

Technical code for signage system of public building

GB/T 51223-2017

主编部门：中华人民共和国住房和城乡建设部
批准部门：中华人民共和国住房和城乡建设部
施行日期：2 0 1 7 年 7 月 1 日

中国计划出版社

2017 北　　京

中华人民共和国国家标准
公共建筑标识系统技术规范
GB/T 51223-2017

☆

中国计划出版社出版发行

网址：www.jhpress.com

地址：北京市西城区木樨地北里甲11号国宏大厦C座3层

邮政编码：100038　电话：(010) 63906433 (发行部)

三河富华印刷包装有限公司印刷

850mm×1168mm　1/32　3.25印张　79千字
2017年6月第1版　2017年8月第2次印刷

☆

统一书号：155182·0096

定价：20.00元

版权所有　侵权必究

侵权举报电话：(010) 63906404

如有印装质量问题，请寄本社出版部调换

中华人民共和国住房和城乡建设部公告

第 1443 号

住房城乡建设部关于发布国家标准 《公共建筑标识系统技术规范》的公告

现批准《公共建筑标识系统技术规范》为国家标准,编号为 GB/T 51223—2017,自 2017 年 7 月 1 日起实施。

本规范由我部标准定额研究所组织中国计划出版社出版发行。

中华人民共和国住房和城乡建设部
2017 年 1 月 21 日

前　言

根据住房城乡建设部《关于印发〈2013年工程建设标准规范制订、修订计划〉的通知》(建标〔2013〕6号)的要求,规范编制组经广泛调查研究,认真总结实践经验,参考有关国际标准,并在广泛征求意见的基础上,编制了本规范。

本规范共分为8章和1个附录,主要技术内容是:总则,术语,基本规定,导向标识系统规划布局,视觉导向标识系统设计,其他标识系统设计,标识本体,制作安装、检测验收和维护保养等。

本规范由住房城乡建设部负责管理,由上海市政工程设计研究总院(集团)有限公司负责对具体技术内容的解释。执行过程中如有意见或建议,请寄送上海市政工程设计研究总院(集团)有限公司(地址:上海市中山北二路901号;邮政编码:200092)。

本规范主编单位、参编单位、主要起草人和主要审查人:

主编单位:上海市政工程设计研究总院(集团)有限公司
参编单位:中国建筑标准设计研究院有限公司
中国建筑设计研究院
同济大学
西安建筑科技大学
清华大学
深圳市标识行业协会
陕西省标识行业协会
上海市标识行业协会
上海申通地铁集团有限公司
上海大生牌业制造有限公司
四川蓝景光电技术有限责任公司

主要起草人：俞明健　范益群　吴国欣　郭　景　饶良修
　　　　　　　李　昊　向　帆　周福生　孔卫华　朱　庆
　　　　　　　叶宗泽　赵　华　赵光群　何　斌　赵贵华
　　　　　　　李忠训　周仕华　卜德清　陆　敏　游克思
　　　　　　　乔英娟　吴　端　肖　辉　强玮怡　彭　义
　　　　　　　李文杰
主要审查人：丁洁民　赵元超　乔世军　祝长康　洪　卫
　　　　　　　崔永祥　陈众励　杨　洲　潘晓东　朱　淳
　　　　　　　熊志强　郭南源　庞建华　崔　云

目 次

1 总则 ……………………………………………………（1）
2 术语 ……………………………………………………（2）
3 基本规定 ………………………………………………（5）
　3.1 标识及标识系统 …………………………………（5）
　3.2 公共建筑标识系统设置 …………………………（6）
4 导向标识系统规划布局 ………………………………（8）
　4.1 一般规定 …………………………………………（8）
　4.2 导向标识系统构成形式 …………………………（8）
　4.3 导向标识系统信息架构 …………………………（9）
　4.4 导向标识系统点位设置 …………………………（9）
　4.5 无障碍标识系统设置 ……………………………（10）
5 视觉导向标识系统设计 ………………………………（11）
　5.1 一般规定 …………………………………………（11）
　5.2 人行导向标识空间位置 …………………………（11）
　5.3 人行导向标识版面设计 …………………………（12）
　5.4 车行导向标识空间位置与版面设计 ……………（14）
　5.5 标识形态 …………………………………………（15）
6 其他标识系统设计 ……………………………………（16）
　6.1 触觉标识系统设计 ………………………………（16）
　6.2 听觉标识系统设计 ………………………………（18）
　6.3 感应标识系统设计 ………………………………（18）
　6.4 交互式标识系统设计 ……………………………（19）
7 标识本体 ………………………………………………（20）
　7.1 一般规定 …………………………………………（20）

7.2 材料	(21)
7.3 结构	(22)
7.4 供配电	(22)
7.5 照明与显示	(24)

8 制作安装、检测验收和维护保养 ………………………… (27)
　8.1 一般规定 …………………………………………… (27)
　8.2 制作与安装 ………………………………………… (27)
　8.3 检测与验收 ………………………………………… (29)
　8.4 维护与保养 ………………………………………… (33)
附录 A 室内外标识照明的平均亮度最大允许值 ………… (34)
本规范用词说明 ………………………………………………… (36)
引用标准名录 …………………………………………………… (37)
附:条文说明 …………………………………………………… (41)

Contents

1 General provisions ································· (1)
2 Terms ··· (2)
3 Basic requirements ································· (5)
   3.1 Signage and signage system ···················· (5)
   3.2 Settings of signage system in public building ·········· (6)
4 Planning and layout of guidance signage system ········ (8)
   4.1 General requirements ··························· (8)
   4.2 Constitution form ······························ (8)
   4.3 Information structure ··························· (9)
   4.4 Signage location planning ······················ (9)
   4.5 Barrier-free signage system of accessibility facilites ········ (10)
5 Viusal guidance signage system design ················ (11)
   5.1 General requirements ··························· (11)
   5.2 Space location of pedestrian guidance signage ·········· (11)
   5.3 Pedestrian guidance signage design ················ (12)
   5.4 Space location and design of roadway guidance signage ······ (14)
   5.5 Form of signage ······························· (15)
6 Other signage system design ························ (16)
   6.1 Tactile signage system design ···················· (16)
   6.2 Auditory signage system design ·················· (18)
   6.3 Induced signage system design ···················· (18)
   6.4 Interaction signage system design ················ (19)
7 Signage noumenon ································· (20)
   7.1 General requirements ··························· (20)

	7.2	Materials	(21)
	7.3	Structure	(22)
	7.4	Power supply and distrubtion	(22)
	7.5	Illumination and display	(24)
8	Production, installation, inspection and		
	maintenance		(27)
	8.1	General requirements	(27)
	8.2	Production and installation	(27)
	8.3	Inspection	(29)
	8.4	Maintenance	(33)

Appendix A The maximum allowable values of average luminance of the indoor and outdoor signage lighting ……………… (34)

Explanation of wording in this standard ………………… (36)

List of quoted standards ……………………………… (37)

Addition: Explanation of provisions ……………………… (41)

1 总　　则

1.0.1 为规范公共建筑标识系统,统一公共建筑标识系统规划设计的技术标准,提高公共建筑标识系统工程质量,保障人员及车辆安全、有序、高效地运行,制定本规范。

1.0.2 本规范适用于公共建筑标识系统的新建、改建和扩建,包括其规划布局、设计、制作、安装、检测、验收和维护保养等。

1.0.3 公共建筑标识系统设置应遵循"适用、安全、协调、通用"的基本原则。新建公共建筑标识系统的设计、安装宜与公共建筑的室内外装修设计、施工同步进行。

1.0.4 公共建筑标识系统设置除应符合本规范外,尚应符合国家现行有关标准的规定。

2 术 语

2.0.1 公共建筑 public building
供人们进行各种公共活动的建筑。

2.0.2 流线 circulation/ flow line
区域中的使用人群、车辆、货物的通行路径和流量变化的线性表示形式。

2.0.3 标识 signage
在公共建筑空间环境中,通过视觉、听觉、触觉或其他感知方式向使用者提供导向与识别功能的信息载体。

2.0.4 公共建筑标识系统 signage system of public building
服务于公共建筑的全部标识总称。

2.0.5 导向标识系统 guidance signage system
传达方向、位置、距离等信息,帮助人们认知起止点,且具有公共属性的标识系统。

2.0.6 非导向标识系统 no-guidance signage system
传达非导向信息的标识系统。

2.0.7 无障碍标识系统 barrier-free signage system of accessibility facilites
为残疾人、老年人、儿童以及行动不便者传递各种信息的标识系统。

2.0.8 视觉标识 visual signage
以视觉为信息传递媒介的标识。

2.0.9 听觉标识 auditory signage
以可被识别到的特定声音传达信息的标识。

2.0.10 触觉标识 tactile signage

以触摸识别方式传达信息的标识,常与听觉标识及其他触发性信息传播载体匹配使用。

2.0.11 感应标识 induced signage

以射频、磁性、红外线等感应方式传达信息的标识,常与听觉标识及其他触发性信息传播载体匹配使用。

2.0.12 交互式标识 interaction signage

通过固定或可移动、可携带设备等,与使用者在特定场景下进行人机信息交互的标识。

2.0.13 标识本体 signage noumenon

标识的基础、支撑、面板等构成传播信息载体的实体总称。

2.0.14 标识系统的信息架构 information structure of signage system

对标识信息进行的归类、分级、组织、编码等所建立的完整、有序的信息体系。

2.0.15 标识规划布局 signage layout

对标识在特定区域空间内位置的安排、设置、信息编码等统筹规划工作的总称。

2.0.16 标识点位 signage location

标识本体在特定区域内的平面位置。

2.0.17 标识的空间位置 signage space location

标识本体在特定区域空间内的方向、高度、间距等。

2.0.18 标识版面设计 signage design

为使标识版面布局清晰、合理,对标识的文字、图形、符号等可视化信息元素在版面上的位置、大小进行布局及调整工作的总称。

2.0.19 标识形态 form of signage

标识本体的外在视觉感观形象。

2.0.20 标识照明 signage lighting

标识带有照明装置,并利用光电信号来显示和传递信息(如文字、符号、图形等)。

2.0.21 电光源型标识　　electric optic source signage

在本体内装有照明装置,采用透光方式使得标识体发光的标识。

2.0.22 标识系统分级　　signage system classification

对标识系统所传达信息重要性的等级划分。

2.0.23 标识分布密度　　signage distribution density

在空间环境中标识点位设置的密集程度。标识分布密度＝同一类型标识数量／对应设置标识范围的建筑面积。

2.0.24 标识信息编码　　coding of signage information

将标识版面图形、符号、文字等信息元素及本体显示方式、制作材料等标识的特征信息,通过数字、字母、特殊符号等代码或它们之间的组合进行表示。

3 基本规定

3.1 标识及标识系统

3.1.1 公共建筑标识分类应符合表 3.1.1 的要求。

表 3.1.1 公共建筑标识分类

序号	分类方式	标识类别
1	传递信息的属性	引导类标识、识别类标识、定位类标识、说明类标识、限制类标识
2	标识本体设置安装方式	附着式标识、吊挂式标识、悬挑式标识、落地式标识、移动式标识、嵌入式标识
3	显示方式	静态标识、动态标识
4	感知方式	视觉标识、听觉标识、触觉标识、感应标识、交互式标识
5	设置时效	长期性标识、临时性标识

3.1.2 公共建筑标识系统分类应符合表 3.1.2 的要求。

表 3.1.2 公共建筑标识系统分类

序号	分类方式	标识系统类别
1	所在空间的位置	室外空间标识系统、导入/导出空间标识系统、交通空间标识系统、核心功能空间标识系统、辅助功能空间标识系统
2	使用对象	人行导向标识系统、车行导向标识系统
3	构成形式	点状形式标识系统、线状形式标识系统、枝状形式标识系统、环状形式标识系统、复合形式标识系统

3.1.3 公共建筑标识系统应包括导向标识系统和非导向标识系统。导向标识系统的构成应符合表3.1.3的规定。

表 3.1.3 导向标识系统构成及功能

序号	系统构成		功能	设置范围
1	通行导向标识系统	人行导向标识系统	引导使用者进入、离开及转换公共建筑区域空间	临近公共建筑的道路、道路平面交叉口、公共交通设施至公共建筑的空间,以及公共建筑附近的城市规划建筑红线内外区域及地面出入口、内部交通空间等
		车行导向标识系统		
2	服务导向标识系统		引导使用者利用公共建筑服务功能	公共建筑所有使用空间
3	应急导向标识系统		在突发事件下引导使用者应急疏散	公共建筑所有使用空间

3.1.4 人行和车行导向标识系统宜由引导类标识、识别类标识、定位类标识、说明类标识、限制类标识构成。

3.1.5 公共建筑标识系统宜使用图形、符号、文字、数字、色彩、明暗、声音听觉显示和言语听觉显示等多种构成元素。

3.2 公共建筑标识系统设置

3.2.1 公共建筑用地红线范围内的室外和室内空间均应进行公共建筑导向标识系统的专项设计。

3.2.2 公共建筑导向标识系统应包括无障碍标识系统。

3.2.3 公共建筑标识系统的设计使用年限应根据标识系统的安全、功能、用途、位置,以及建筑物规模、等级和重要程度等,并综合考虑经济成本,合理确定。

长期性标识版面的工艺材料设计使用年限不宜少于5年,长期性标识本体结构的设计使用年限不宜少于10年。

3.2.4 公共建筑标识系统的设置应综合考虑使用者的需求，对公共建筑物的物业管理、空间功能、环境空间、建筑流线等方面进行整体规划布局。当需求功能及设置条件发生变化时，应及时增减、调换、更新标识。

3.2.5 公共建筑导向标识系统的设计应根据服务对象的人机工程学参数，合理确定标识的点位、空间位置、型式和版面。

3.2.6 当视觉标识设计需要满足高龄使用者及弱视群体需求时，应在字号、字距、边距、行距、色彩对比度和版式设计方面作相应强化设计。

3.2.7 公共建筑的无障碍设施，应设置相应的无障碍标识。无障碍标识宜采用无障碍通用设计的技术和产品。

3.2.8 标识系统应定期开展维护和保养，发现损毁、灭失、缺少的标识应及时修复和补充。

3.2.9 应急导向标识系统的设置，应符合现行国家标准《应急导向系统　设置原则与要求》GB/T 23809和《消防应急照明和疏散指示系统》GB 17945的规定。

4 导向标识系统规划布局

4.1 一般规定

4.1.1 导向标识系统的规划布局,应以公共建筑空间功能布局及流线为依据,并宜分层级设置。

4.1.2 对于新建的公共建筑,导向标识系统设计应与建筑设计、景观设计、室内设计协同进行。

4.1.3 导向标识系统的信息分级和分布密度,应根据公共建筑类型、建筑规模、建筑空间形态和功能等因素综合确定。

4.1.4 标识的点位规划应考虑与空间环境及其他设施的关系,避免冲突、遮蔽,必要时可与其他设施合并设置。

4.2 导向标识系统构成形式

4.2.1 导向标识系统构成形式应满足公共建筑交通流线组织的需要,并遵循整体化、网络化、立体化的设计原则。

4.2.2 公共建筑导向标识系统设计应符合下列规定:

    1 人行流线应便捷明确,并应与室内色彩设计、照明设计相结合,注重人行流线对使用者的心理与感知影响;

    2 车行流线应减少对人行流线的影响,并应注重车辆行驶的安全通畅;

    3 货物流线应隐蔽,以减少对主要人行流线、主要车行流线的影响。

4.2.3 不同的公共建筑类型应根据使用者的需求,合理安排导向标识系统构成形式。

4.3 导向标识系统信息架构

4.3.1 导向标识系统的设置应充分考虑使用者的信息需求,进行信息归类、分级,做到连贯、一致、完整有序,防止出现信息不足、不当或过载的现象。

4.3.2 当导向标识版面的内容较多时,宜对信息重要程度进行排序,应突出重要信息。

4.3.3 导向标识系统的信息架构应符合下列规定:

    1 同一种类型标识信息宜区分信息的重要程度,可在统一版面布置;

    2 不同类型标识信息宜版面单独设置;

    3 有无障碍设施空间环境中,应设置无障碍信息;

    4 导向标识信息系统应具有便于及时更新与扩充内容的可调整性。

4.3.4 导向标识信息的文字表达应简洁,用词规范,对同一点位的指引信息表述应一致。公共名称应依据相关规定并考虑公众习惯制定。

4.4 导向标识系统点位设置

4.4.1 导向标识点位的设置应结合流线,合理安排位置和分布密度。在难以确定位置和方向的流线节点上,应增加标识点位以便明示和指引。

4.4.2 人行导向标识点位的设置应符合下列规定:

    1 在人行流线的起点、终点、转折点、分叉点、交汇点等容易引起行人对人行路线疑惑的位置,应设置导向标识点位;

    2 在连续通道范围内,导向标识点位的间距应考虑其所处环境、标识大小与字体、人流密集程度等因素综合确定,并不应超过50m;

    3 公共建筑应设置楼梯、电梯或自动扶梯所在位置的标识;

4 在不同功能区域,或进出上下不同楼层及地下空间的过渡区域应设置导向标识点位。

4.4.3 车行导向标识点位的设置应符合下列规定:

1 标识点位设置应满足前置距离,并易于识别;

2 车行限制标识应设置在警告、禁止、限制或遵循路段的起始位置,部分禁令开始路段的交叉口前还应设置相应的提前预告标识,使被限制车辆能提前了解相关信息;

3 车行引导标识应设置在道路的分叉点、交汇点之前一定距离。

4.4.4 对于功能分区多、空间流线复杂、标识点位多的大型公共建筑,应对标识的点位进行统一编码。

4.5 无障碍标识系统设置

4.5.1 无障碍标识系统应与导向标识系统统一设计。视力残疾人使用较多的公共建筑宜设置触觉或听觉导向标识系统。

4.5.2 下列公共建筑应设置无障碍标识系统,其他公共建筑宜设置无障碍标识系统:

1 特殊教育、康复、社会福利等公共建筑;

2 国家机关的公共服务建筑;

3 文化、体育、医疗卫生等公共建筑;

4 交通运输、金融、邮政、商业、旅游等公共建筑。

4.5.3 无障碍标识系统在各类公共建筑中的实施范围应符合现行国家标准《无障碍设计规范》GB 50763 的规定。

5 视觉导向标识系统设计

5.1 一般规定

5.1.1 人行导向标识系统设置应符合现行国家标准《公共信息导向系统 设置原则与要求 第1部分:总则》GB/T 15566.1的规定。车行导向标识系统设置应符合现行国家标准《道路交通标志和标线》GB 5768.1~3的规定。

5.1.2 导向标识系统各类标识中信息的传递应优先使用图形标识,图形标识应符合现行国家标准《标志用公共信息图形符号》GB/T 10001.2~6、9的规定,并应符合现行国家标准《公共信息导向系统 导向要素的设计原则与要求》GB/T 20501.1、2的规定。边长 3mm~10mm 的印刷品公共信息图形标识应符合现行国家标准《印刷品用公共信息图形标志》GB/T 17695 的规定。

5.1.3 导向标识系统中各类标识所使用的文字宜同时使用中文和英文,民族自治区域内的城市应同时使用中文和当地民族文字,且文字的使用应规范、准确。

5.1.4 同一系统中导向标识设计要素的形式、位置、大小、色彩应保持一致,且应与区域的风格环境相协调。

5.1.5 地下空间或有夜间使用需求的室内、外公共建筑标识宜采用电光源型、荧光膜或反光膜。

5.2 人行导向标识空间位置

5.2.1 人行导向标识的空间位置应设置在行人的视线范围内,设置位置应符合人机工程学和相关规范的规定,应便于标识的施工安装以及维护更换。

5.2.2 人行导向标识本体空间位置应符合下列规定:

1 标识观察的最远距离与标识本体的尺寸应符合现行国家标准《公共信息导向系统 导向要素的设计原则与要求》GB/T 20501.1、2 的规定;

2 标识的空间位置应当在视平线向上 5°夹角以内;静态观察情况下,最大偏移角不超过 15°;动态观察即人的头部转动情况下,不宜超过 45°夹角;

3 人行范围内,悬挑式标识下边缘与地面垂直间距不应小于 2.20m;

4 人行范围内,吊挂式标识下边缘与地面的垂直距离不应小于 2.50m。

5.2.3 标识本体的设置不得影响轮椅坡道、盲道等无障碍设施的安全使用。

5.2.4 标识本体设置不得影响公共建筑其他设施功能的安全使用。

5.3 人行导向标识版面设计

5.3.1 人行导向标识版面图形和汉字的最小尺寸应根据设计的最大观察距离确定,应满足行人在设计最大观察距离范围内视认性的要求,其中图形最小尺寸应符合表 5.3.1-1 的要求,汉字高度尺寸不应小于表 5.3.1-2 规定的高度一般值,条件受限时可采用高度极限值。

表 5.3.1-1 标识图形最小尺寸的规定(m)

设计最大观察距离	图形最小尺寸
0<L≤2.5	0.063
2.5<L≤4.0	0.100
4.0<L≤6.3	0.160
6.3<L≤10.0	0.250
10.0<L≤16.0	0.400
16.0<L≤25.0	0.630
25.0<L≤40.0	1.000

表5.3.1-2 标识汉字高度尺寸的规定(m)

设计最大观察距离	汉字高度极限值	汉字高度一般值
$1 \leqslant L \leqslant 2$	0.020	0.020
$4 \leqslant L \leqslant 5$	0.030	0.050
10	0.070	0.120
20	0.130	0.260
30	0.190	0.390

5.3.2 人行导向标识中的阿拉伯数字和其他文字的高度应根据汉字高度确定,与汉字高度的比例关系宜符合表5.3.2的规定。

表5.3.2 其他文字、图形符号与汉字高度的关系

其他文字		与汉字高度的关系
拼音英文字母、拉丁文字母或少数民族文字	大小写	$1/3h \sim 1/2h$
阿拉伯数字	字高	h
	字宽	$1/2h \sim 4/5h$
	笔画粗	$1/6h \sim 1/5h$
图形、符号		$1.5h \sim 2h$

注:h为汉字高度。

5.3.3 人行导向标识版面的文字、符号、图形等导向元素的间距应控制在合理范围,保证各元素之间比例协调,间距应根据汉字高度确定,并宜符合表5.3.3的规定。

表5.3.3 文字、符号、图形等版面元素的间距

版面元素关系	间距	
	列距	行距
汉字与汉字	/	$0.6h$
箭头符号与图形	$0.5h \sim 0.9h$	/
汉字与图形	$0.25h \sim 0.5h$	$0.5h$

续表 5.3.3

版面元素关系	间 距	
	列距	行距
汉字与其他文字	0.25h～0.5h	0.25h
英文字体	0.75X	0.5X(词组)/X(两不相关单词)

注：h 为汉字高度，X 为英文字体高度。

5.3.4 人行导向标识版面文字应从左到右横向布局，中文在上，拼音或英文字母在下。

5.3.5 单一文字标识的版面文字设计应符合下列规定：

1 文字分布应充实、均匀，位置应居中；

2 文字与标识上下边缘的间距不应小于 0.25 倍的汉字高度，与左右边缘的间距不应小于 0.3 倍的汉字高度；

3 带有边框时，边框线宽宜为 0.03 倍～0.05 倍的汉字高度。

5.3.6 人行导向标识版面的文字、符号、图形等版面元素与标识边缘的最小距离不应小于 0.1 倍的汉字高度。

5.3.7 人行导向标识版面的公共信息图形符号应符合现行国家标准《标志用公共信息图形符号》GB/T 10001.2～6、9 的规定，自行设计的公共信息图形符号应符合现行国家标准《标志用图形符号表示规则》GB/T 16903.1～3 的规定。

5.3.8 人行导向标识版面的底色及版面元素的明暗对比度不应低于 30%，并应与周围建筑空间环境相协调，不宜大面积使用与安全、警告相关的安全色。图形符号安全色的使用应符合现行国家标准《安全色》GB 2893 的规定。

5.4 车行导向标识空间位置与版面设计

5.4.1 车行导向标识空间位置确定应符合下列规定：

1 各类标识版面及支撑结构的任何部分不得侵入道路设计通行空间内；

2 标识不应被照明设施、监控设施、广告构筑物以及树木等遮挡；

　　3 标识的安装位置应依据人机工程学调整其识别俯仰角度，使标识版面垂直于车行驾驶者的视线，并应符合下列规定：

　　　　1）标识版面安装角度宜根据空间位置和道路的平、竖曲线线形进行调整；

　　　　2）路侧标识宜与车道中心线垂直或与垂线成一定角度，其中限制类和引导类标识宜为 $0°\sim10°$，并应符合现行国家标准《道路交通标志和标线》GB 5768.1～3 的规定；

　　　　3）车行道上方的标识应与车道中心线垂直，板面宜向下倾斜 $0°\sim15°$。

5.4.2 车行导向标识版面汉字高度应根据车辆运行速度确定，宜为 25cm～30cm，阿拉伯数字和其他文字的高度应根据汉字高度确定，其与汉字高度的关系应符合现行国家标准《道路交通标志和标线》GB 5768.1～3 的规定。

5.4.3 车行导向标识版面的中文字体宜采用黑体。

5.4.4 车行导向标识版面色彩宜统一，区别于人行导向标识，且应符合现行国家标准《道路交通标志和标线》GB 5768.1～3 的规定。车行导向标识版面色彩除限制类安全标识外，不得使用与安全、警告相关的安全色。

5.5 标识形态

5.5.1 标识系统的形态应与环境空间的风格相一致。

5.5.2 标识的尺度应与环境空间协调，并应避免对行人造成安全隐患。

5.5.3 标识本体的设计应考虑材料特性，宜选用环保、经济、安全、耐久的材料。

6 其他标识系统设计

6.1 触觉标识系统设计

6.1.1 触觉标识系统应包括触觉地图、盲文铭牌、盲文门牌、楼梯扶手部位盲文标牌、走道扶手部位盲文标牌、电梯盲文按钮等。

6.1.2 触觉标识系统的内容应包括可触摸图形和盲文两大部分，应能够完整、持续地提供空间信息。

6.1.3 在公共建筑空间中所有的无障碍设施应设有触觉标识系统，设置位置及形式应符合表 6.1.3 的规定。

表 6.1.3 触觉标识系统的设置位置及形式

空间类型		设置位置	设置形式
导入/导出空间		无障碍出入口	盲道、凸点盲文、凸出方向箭头、触摸式空间信息
		轮椅坡道	扶手凸点盲文、凸出方向箭头
交通空间	垂直交通	楼梯	扶手盲文楼层信息、盲文地图
		无障碍电梯	盲文按钮、带有楼层语音提示的设备、盲文地图
	水平交通	走廊、过道、过厅、通廊	扶手凸点盲文、凸出方向箭头、盲道、盲文地图
功能空间		无障碍设施	盲文识别标识
		无障碍厕所	盲文识别标识
		建筑各功能空间	盲文识别标识、无障碍出入口指示、盲文地图

6.1.4 触觉标识宜与室内盲道或双侧扶手等设施相结合，并应形

成完整的视力残疾人行走流线。

6.1.5 触觉标识应设在便于视力残疾人触摸到的位置,并宜结合其他感官信息标识。

6.1.6 触觉标识设计宜将凸点盲文标识与语音系统整合于一体。

6.1.7 触觉标识设置应符合下列规定:

1 可触摸内容的边缘应光滑,应避免阅读者的手指受到伤害;

2 可触摸内容高出底面或低于底面不小于0.8mm;

3 可触摸的汉语拼音或英文字母应选择无衬线黑体大写,不应采用斜体、粗体或衬线字体。

6.1.8 标识版面中盲文应放置于标识内容的下方,不断行。可触摸盲文标识设置离地不应小于122cm,可触摸图形离地面不应小于152cm的高度。

6.1.9 当可触摸内容分为多段排列时,盲文应位于可触摸图形之下距离不小于9.5mm,并排列为一行。盲文与标识边缘及其他信息之间的距离不得小于9.5mm。

6.1.10 触觉标识中的图形符号须放置在$152mm^2$独立范围之中。文字和盲文不应进入图形区域,应位于图形符号下方,两者之间距离不小于9.5mm,并应遵守可触摸文字和盲文的一般排版原则。

6.1.11 视力残疾人使用较多的公共建筑宜安装可触摸门牌的识别标识,触觉标识空间位置应根据房间门的设置位置确定,并应符合下列规定:

1 对单开门,当有门锁时,应安装在门打开的一侧;当房间门为单向推门、无门锁时,宜安装于推门门面上;

2 当单开门门把侧、双开门的右侧,没有足够的墙面空间时,门的标识应安装于最接近的连续墙面上;

3 对双开门,当只有一侧门可以进出时,应安装在不活动门上;当双开门双侧都可以进出时,应安装在右侧门的门侧。

6.1.12 可触摸信息的序列宜按从左至右的方式排列。房间名称标识宜用号码与字母来表达。与图形配合的盲文位置应尽量接近图形。

6.1.13 触觉标识所使用的盲文应符合现行国家标准《中国盲文》GB/T 15720 的规定。

6.2 听觉标识系统设计

6.2.1 听觉标识系统宜与视觉标识系统或感应标识系统组合使用。

6.2.2 听觉标识系统设置应考虑发信声音方向、大小和各个声源发出声音的时间等,应避免不同听觉标识之间的发信声音对使用者干扰,让使用者能够根据自己的行进状态,感知周围的空间状况。

6.2.3 听觉标识的设置应符合下列规定:

  1 在一定语言干涉声级或噪声干扰声级下言语清晰度不应小于75%;

  2 听觉标识强度不应小于背景环境噪声 15dB。

6.2.4 为保持对听觉信号的可辨别性,应使用间歇或者可变的声音信号。

6.2.5 声音显示设计必须满足人对声音信号的检测和辨认的要求。

6.3 感应标识系统设计

6.3.1 感应标识系统的内容应能够完整、持续地提供空间信息,并起到提醒、警示、识别等作用。

6.3.2 感应标识应与视觉、触觉、听觉标识相整合,共同发挥导向功能。

6.3.3 在开放式空间中,应当根据空间场地需要来选择感应设备,以保证感应标识的有效性。

6.4 交互式标识系统设计

6.4.1 下列公共建筑宜设置交互式标识系统：
1 建筑面积在 2 万 m^2 以上的商业建筑；
2 建筑面积 2 万 m^2 以上的科教文卫建筑；
3 建筑面积 2 万 m^2 以上的旅游建筑建筑；
4 建筑面积 2 万 m^2 以上的交通运输建筑；
5 人群易于聚集的大型临时活动场所。

6.4.2 交互式标识系统的设置不应干扰一般导向标识的正常功能，并应避免其对主要空间流线的影响。

6.4.3 交互式标识的显示界面在无有效操作的情况下，宜在 60s 内自动返回初始页面。

6.4.4 交互式标识的操作界面设计应符合人机工程学的相关要求。

7 标识本体

7.1 一般规定

7.1.1 标识本体应使用性能良好、安全可靠、易于加工、无毒、不燃或阻燃的材料。室外标识材料还应考虑自然环境影响,保证使用寿命。

7.1.2 标识面板材料的燃烧性能应符合现行国家标准《建筑材料及制品燃烧性能分级》GB 8624 中 B_2 级标准的规定。有害物限量应符合现行国家标准《室内装饰装修材料 聚氯乙烯卷材地板中有害物质限量》GB 18586 的有关规定。

7.1.3 大型标识本体基材宜以硬金属材料为主,宜选择铝材合金或钢材;小型标识基材除上述两种材料外,还可选择具有相应安全属性的复合材料、木材、玻璃等材料。

7.1.4 公共建筑出入口、室外标识的基材,宜选择铝材合金、不锈钢材等耐候、防锈材料,以满足防水、防褪色、防腐、防锈等耐久性要求。

7.1.5 电光源型标识的照明电气设备及导体材料的选用和安装应考虑散热和阻燃性,并能适应所在场所的环境条件,还应具有防潮、防水和防虫害或霉菌侵蚀的功能。

7.1.6 标识照明本体内的照明灯具的光源、亮度、显色性、发光效能等应符合现行国家标准《建筑照明设计标准》GB 50034 及有关国家现行标准的规定。

7.1.7 封闭室内空间的标识本体宜采用电光源型标识,以满足长时间使用的需要。

7.2 材 料

7.2.1 标识本体钢结构承重部分采用的钢材及其连接材料应符合现行国家标准《钢结构设计规范》GB 50017 的规定。标识本体钢结构非承重部分所采用的不锈钢、铝材合金等其他金属材料应分别符合相应的国家现行标准的规定。

7.2.2 标识本体中采用的木材及胶合材料应符合现行国家标准《木结构设计规范》GB 50005 的有关规定。

7.2.3 钢管、钢板材质应符合现行国家标准《碳素结构钢》GB/T 700 和《钢及钢产品 力学性能试验取样位置及试样制备》GB/T 2975 的规定。

7.2.4 铝型材材质应符合现行国家标准《铝合金建筑型材》GB/T 5237.1~6 和《变形铝及铝合金的化学成分》GB/T 3190 的规定。铝型材表面应平整、无划痕、无变形。

7.2.5 铝板材质应符合现行国家标准《一般工业用铝及铝合金板、带材》GB/T 3880.1~3 的规定，表面应平整，无起皮、划痕、变形、缺角、污垢等，几何形状应以设计模数为基础。

7.2.6 有机玻璃板材应符合现行国家标准《浇铸型工业有机玻璃板材》GB/T 7134 的规定，表面应平滑，无划痕、斑点或其他表面缺陷。厚度公差不应大于10%，几何形状应以设计模数为基础。

7.2.7 标识版面信息的图文贴膜、喷印、蚀刻等，色泽应耐用，使用寿命不宜小于3年。对于室外标识版面信息的图文不宜使用油墨丝网印刷。

7.2.8 有机玻璃等导光面板总透光率不应小于85%，均匀度不应小于85%，出光率不应小于80%，使用寿命不应小于8年。

7.2.9 油漆涂料应耐磨损、耐候性强、环保、光泽度均匀。

7.2.10 丝网印刷油墨宜采用耐候性类型，且应能抵御正常清洁工作的磨损。

7.3 结 构

7.3.1 标识本体的结构应根据环境条件、构件材质、结构形式、使用要求、施工条件和维护管理条件等选取合理的防腐蚀措施。结构类型、布置和构造的选择应有利于提高结构自身的抗腐蚀能力，应能有效避免腐蚀介质在构件表面的积聚，应便于使用过程中的维护和检查。

7.3.2 标识本体的结构设计应考虑永久荷载、风荷载和地震作用，必要时还应考虑温度影响的作用。复杂标识体系尚应对施工阶段作补充验算复核。与水平面夹角小于75°的室外标识还应考虑雪荷载、活荷载或积灰荷载。

7.3.3 标识本体的结构设计和标识与主体结构的连接构件设计应根据传力途径对标识面板系统、支承结构、连接件与锚固件等选取合理的计算模型进行计算或复核，以确保标识具有足够的承载能力、刚度和稳定性。

7.3.4 标识面板与其支承结构、标识本体的结构与建筑主体结构之间均应具有足够的相对位移能力，必要时还应考虑标识结构对建筑主体结构的影响。

7.3.5 标识本体的结构应按承载能力极限状态的基本组合和正常使用极限状态的标准组合进行设计，应充分考虑各种荷载，确保结构稳定，避免出现几何可变体的形式。

7.4 供 配 电

7.4.1 标识照明供电的电源电压一般宜采用220V。

7.4.2 标识照明的端电压不宜超过其额定电压的105%，下限应符合下列规定：

　　1 工作场所不宜低于95%；

　　2 当远离变电所的小面积场所难以满足第1款要求时，可为90%；

3 采用安全特低电压(SELV)供电的标识,额定电压不宜低于90%。

7.4.3 供标识照明用的配电变压器的设置应符合下列规定:

1 标识照明电源应引自建筑物内部照明专用变压器;当供配电系统无照明专用变压器,且电力设备无较大功率冲击性负荷时,标识照明可与电力设备共用变压器;

2 当电力设备有大功率冲击性负荷时,标识宜与冲击性负荷接自不同的变压器;如条件不允许,需接自同一变压器时,标识应由专用馈电线路供电;

3 当标识照明安装功率较大且谐波含量较大时,宜采用标识照明专用变压器。

7.4.4 外部电源直供的标识照明配电箱,应在电源箱的受电端设置具有隔离和保护作用的开关,配电线路应装设短路保护、过负载保护,配电线路的保护应符合现行国家标准《低压配电设计规范》GB 50054 的规定。

7.4.5 对于电光源型标识,灯具的布线不得贴敷于灯具及构架外表,且不应敷设在高温灯具的上部;电线、电缆敷设应穿入阻燃、难燃材料的保护导管内。

7.4.6 电光源型标识的照明设备应可靠接地,电光源型标识的外露金属部分应有接地,并应预留接地端子供接地线接驳之用。

7.4.7 室内电光源型标识防护等级不得低于 IP44,室外电光源型标识防护等级不得低于 IP54。其防火性能应符合现行国家标准《建筑设计防火规范》GB 50016 及《建筑内部装修设计防火规范》GB 50222 的规定。各种材料的组合不应相互产生化学及电解反应,对应现场空气 pH 值偏向,应无氧化腐蚀现象。

7.4.8 落地式的电光源型标识应设置重复接地装置和漏电保护装置,所有金属的结构框架、柱体、面板、进线管等均应可靠接地,接地电阻值不应大于 4Ω,否则应增设接地装置。当采用 TN-S 接地系统时,宜采用剩余电流保护器作接地故障保护;当采用 TT

接地系统时,应采用剩余电流保护器作接地故障保护。动作电流不宜小于正常运行时最大泄漏电流的2.0倍～2.5倍,并不应大于30mA。

7.4.9 室外标识照明装置的防雷应符合现行国家标准《建筑物防雷设计规范》GB 50057的规定,应选择合适的浪涌保护器并采用可靠的防雷接地措施。

7.4.10 照明设备所有带电部分应采用绝缘、遮拦或外护物保护,距地面2.8m以下的照明设备应使用工具才能打开外壳进行光源等部件维护。室外安装的照明配电箱与控制箱等设备的防护等级不应低于IP54。

7.4.11 依附于建筑物墙面的室外标识,应将其金属结构框架和面板与该建筑物的避雷装置(避雷带或引下线)作等电位联结。

7.4.12 进线电缆应穿于热镀锌钢质保护管内,保护管内径不应小于电缆外径的1.5倍;进线电缆在管内不得有接头。埋地敷设的热镀锌钢质护管应采用厚壁钢管并作防腐处理,其埋深不宜小于0.7m,过道路段埋深不应小于1.0m;严寒及寒冷地区埋深应在冻土层以下。

7.5 照明与显示

7.5.1 标识照明应根据照明场所的功能、性质、环境区域亮度、表面装饰材料及所在城市的规模等,合理地确定标识照明的平均亮度最大允许值及亮度的对比度、均匀度指标,并应符合下列规定:

  1 公共建筑室内标识照明亮度和周边环境背景亮度的对比度宜为3～5,且不应超过10;公共建筑室外标识照明亮度和周边环境背景亮度的对比度不应超过20;

  2 公共建筑室内外标识照明的亮度均匀度$U1(l_{min}/l_{max})$宜为0.6～0.8;

  3 公共建筑室内外标识照明的平均亮度最大允许值宜符合附录A的规定。

7.5.2 采用外投光形式的室外标识,直接照射范围应控制在室外标识范围内,外溢杂散光和干扰光数值不应超过20%。

7.5.3 标识的各种光源参数应符合下列规定:

1 紧凑型荧光灯,显色指数 Ra 不应小于80,2000h 光通量维持率不应小于80%,使用寿命不应小于8000h,且必须符合国家现行有关标准规定;

2 荧光灯色温不宜高于6500K,显色指数 Ra 不应小于80,10000h 光通量维持率不应小于80%,使用寿命不应低于10000h,且必须符合国家现行有关标准的规定;

3 LED 灯的色温宜低于6500K,显色指数 Ra 宜大于80;LED 灯的工作环境温度 Ta 不应小于35℃,模块性能温度 Tp 不大于80℃;25000h 光通量维持率应大于70%。

7.5.4 标识照明应采用高效节能的灯具,光源及附件应符合下列规定:

1 灯具的反射材料应具有较高的反射比;

2 内透光照明光源宜采用三基色直管荧光灯(T5、T8)、LED 灯或紧凑型荧光灯;

3 直管荧光灯应配用电子镇流器或节能型电感镇流器;

4 高压钠灯、金属卤化物灯应配用节能型电感镇流器,在电压偏差较大的场所,宜配用恒功率镇流器,光源功率较小时可配用电子镇流器;

5 标识照明灯具的线路功率因数不应低于0.9。

7.5.5 照明光源、镇流器的能效值不应低于国家现行有关标准规定的能效限定值,当进行节能评价时,应符合能效标准的节能评价值。

7.5.6 标识照明灯具安全性能应符合现行国家标准《灯具 第1部分:一般要求与试验》GB 7000.1 的规定,并应根据应用场所选用防触电保护为Ⅰ类、Ⅱ类或Ⅲ类的灯具。

7.5.7 标识照明节能控制方式应符合下列规定:

1 当大面积的电光源型标识采用分区或分组集中控制时,应避免全部电光源型标识灯具同时启动;

2 大面积的电光源型标识宜采用光控、时控、程控的智能照明控制方式,并应具备手动控制功能;

3 电光源型标识系统中宜预留联网监控的接口,为联网监控和管理创造条件。

7.5.8 动态标识信息显示系统的设计和施工应符合现行国家标准《综合布线系统工程设计规范》GB 50311、《智能建筑设计标准》GB 50314、《智能建筑工程施工规范》GB 50606、《智能建筑工程质量验收规范》GB 50339 等的有关规定。标识信息显示系统的设备和管线的规划和设计应纳入到相应的建筑物的综合布线系统工程规划和设计之中,并应考虑施工和维护的方便,确保标识信息显示系统工程的质量和安全,做到技术先进、经济合理。

7.5.9 动态标识信息显示系统应由显示、驱动、信号传输、计算机控制、输入和输出等单元组成。其显示装置的屏面显示设计,应根据使用要求,在衡量各类显示器件及显示方案的光电技术指标、环境条件等因素的基础上确定屏面规格及光学性能等技术参数。

7.5.10 各类动态标识信息显示系统的显示终端装置应预留有联网接口,为联网发布信息提供接入条件。标识信息显示系统应具有可靠的清屏功能。

8 制作安装、检测验收和维护保养

8.1 一般规定

8.1.1 标识本体制作安装必须牢固安全、规范合理。安装必须确保建筑物安全性、整体性，不得改变建筑物的承重结构，不得破坏建筑物的外立面，不得改变原有建筑共用管线及设施。

8.1.2 标识本体的加工制作宜在工厂内进行。标识的钢结构构件的制作应符合现行国家标准《钢结构工程施工质量验收规范》GB 50205 的规定。

8.1.3 应定期对标识设施进行维护与保养，包括日常保洁保养、定期信息更新以及维修更换等。

8.2 制作与安装

8.2.1 标识钢构件的表面处理等级应符合现行国家标准《涂覆涂料钢材表面处理 表面清洁度的目视评定 第1部分：未涂覆过的钢材表面和全面清除原有涂层后的钢材表面的锈蚀等级和处理等级》GB/T 8923.1 的规定。喷射清理等级不得低于 Sa2 1/2 级，手工和动力工具清理等级不得低于 St2 级。钢构件采用油漆作防锈处理时，构件表面的干漆膜厚度应合理；钢构件采用热浸镀锌处理时，构件表面的锌附着量和涂层厚度应符合现行国家标准《金属覆盖层 钢铁制件热浸镀锌层 技术要求及试验方法》GB/T 13912 的规定。

8.2.2 钢构件开孔时，应防止金属受热变形，热力切割后应清除被腐蚀的残留物质；零件的切割线和号料线在采用手工切割时，允许偏差不应超过±2.0mm。

8.2.3 使用胶粘剂粘合构件前，金属表面应以机械或化学方法去除油脂、污垢、灰土、水分、氧化物等,并打磨。涂抹胶粘剂的方法及步骤应严格按照相关标准规范和胶粘剂制造商的要求执行。

8.2.4 焊接操作应清除焊件上的油脂、污垢、灰土、水分、氧化物等,为确保精确度,宜在可行处使用夹具或夹紧装置,在夹紧装置不适用处可采用定位焊用于临时连接;接缝应彻底熔融,没有孔洞、孔隙或裂缝;应防止焊接溅出物落在高强度钢和焊接件可见表面上;保证彻底清除焊剂残留物和熔渣;对接焊缝、填角焊应磨平滑。

8.2.5 标识装饰面油漆涂层厚度不得低于30μm,并不得露底。

8.2.6 版面图文内容宜选用PVC基材贴膜工艺,丝网印刷图文应色调层次清晰,无毛刺、变形。

8.2.7 标识外观颜色选择应符合国际通用色谱标准,所指定的色值在不同材料和介质上最终呈现色相,其误差不应超过±5%。

8.2.8 依附于墙面标识设施,在安装过程中应采取可靠的安全防范措施。大型标识设施安装时应当搭设安全围护设施及施工脚手架,高空作业应按现行行业标准《建筑施工高处作业安全技术规范》JGJ 80的规定执行,6级以上大风天气不得施工。

8.2.9 落地式室外标识接地装置的施工应符合现行国家标准《建筑电气工程施工质量验收规范》GB 50303和《电气装置安装工程接地装置施工及验收规范》GB 50169的规定,在室内设置的挂墙式电气控制箱下底高度距地面不应小于1.5m。

8.2.10 标识构架与墙体的固定宜采用化学锚栓、化学植筋或预埋构件的连接形式。当室外标识的外侧与墙体结构面的距离大于0.3m时,不得采用摩擦型膨胀螺栓作构架的锚固。

8.2.11 墙面结构为砖墙,应采用细石混凝土预埋件或采用隐蔽型夹板构造,也可视荷载大小,采用其他合适加固措施。对强度较低的墙面,必须对附着的墙体进行强度验算并采取特殊加固措施。

8.2.12 锚栓安装时,应进行现场监督,安装完成后应按现行国家标准《建筑结构加固工程施工质量验收规范》GB 50550的规定进行抗拉拔性能试验。

8.2.13 标识与高、低压线路及通讯电缆线路应保持安全距离,并应符合现行国家标准《电气装置安装工程电缆线路施工及验收规范》GB 50168 和《电气装置安装工程 66kV 及以下架空电力线路施工及验收规范》GB 50173 的规定。

8.2.14 标识的灯具、配电控制箱的安装应符合现行国家标准《建筑电气工程施工质量验收规范》GB 50303、《电气装置安装工程接地装置施工及验收规范》GB 50169 和《霓虹灯安装规范》GB 19653 的规定。

8.2.15 标识照明电气线路应采用阻燃等级 B_2 以上的电缆或电线,接头应采用接线柱、压接帽等形式。

8.3 检测与验收

8.3.1 大型钢结构标识本体设施检测项目、检查数量及检测方法应符合表 8.3.1 的规定。

表 8.3.1 材料及构件性能检测

序号[1]	检测项目		检查数量	检测方法
1	钢结构焊缝无损探伤	超声波探伤	一级焊缝探伤比例100%;	GB/T 11345、JB/T 6061、JG/T 203
		磁粉探伤	二级焊缝探伤比例,桁架焊缝50%,其他焊缝20%[2]	
2	网架球节点焊缝无损探伤		每种规格抽查5%,且不应少于5只	JG/T 203
3	钢结构连接紧固件扳紧检测、强度计算		全数检查	GB 50205、GB 50017
4	结构件外观缺陷及防腐检测		构件数抽查10%,且同类构件不应少于3件	GB 50205、GB/T 9799

续表 8.3.1

序号1	检测项目	检查数量	检测方法
5	标识面板连接校核	整个面板	GB 50017
6	主体结构检测(垂直度、平面弯曲)	对主要立面全部检查	GB 50205
7	大型结构构件实荷载试验	主要受力构件全部检查	GB/T 50344

注:1 序号1、2、4、5为应检项目,序号3、6、7可根据室外标识设施的类型选择检测;
  2 探伤比例的计算方法应按以下原则确定:对工厂制作焊缝,应按每条焊缝计算百分比,且探伤长度不应小于200mm,当焊缝长度不足200mm时,应对整条焊缝进行探伤;对现场制作焊缝,应按同一类型、同一施焊条件的焊缝条数计算百分比,探伤长度不应小于200mm,并不应少于1条焊缝。标识钢结构构件的制作、安装应按设计施工图及现行国家标准《钢结构工程施工质量验收规范》GB 50205的规定进行验收。

8.3.2 室外标识设施的基础应按设计图纸要求进行检测。检测项目、检查数量及检测方法应符合表8.3.2-1规定。基础和地锚的允许偏差应符合表8.3.2-2的规定。

表 8.3.2-1 基础检测

序号	检测项目	检查数量	检测方法
1	混凝土基础强度检测	所有基础和支座	JGJ/T 23、GB/T 50107
2	混凝土结构钢筋保护层厚度	所有基础和支座	GB 50204
3	地脚螺栓抗拔力检测	同规格、同型号、相同部位抽取总数的1‰,且不少于3根	JGJ 145
4	地脚螺栓连接强度计算	全部	GB 50017
5	基础沉降监测	所有支座	JGJ 8

注:序号3、4为应检项目,序号1、2、5可根据室外标识设施的类型选择检测。

表8.3.2-2 基础和地锚的允许偏差

序号	项目	允许偏差
1	支承面(混凝土墩柱)	标高±2.0mm 水平度±1/1000
2	支承表面(法兰盘端面)	标高±1.5mm 水平度±1/500 且不大于3mm
3	地锚位置扭转偏差	±1.00mm
4	地锚法兰对角线偏差	$L/1500$,且<10mm
5	地锚相邻柱脚间距偏差	$b/1500$,且<10mm
6	地锚伸出法兰长度	±10mm
7	地锚的螺纹长度	L_w±10mm

注:L—对角线间距;b—柱脚间距;L_w—设计螺纹长度。

8.3.3 标识灯具光学性能检验项目和检验方法应按表8.3.3-1的规定执行。标识灯具光学性能验收项目和验收标准应符合表8.3.3-2的规定。

表8.3.3-1 标识灯具光学性能检测项目和检验方法

序号	检测项目	检测方法
1	亮度、均匀性和对比度	JT/T 750
2	色度	JT/T 750
3	逆反射性能	JT/T 750

表8.3.3-2 标识灯具光学性能验收项目和验收标准

序号	验收项目	验收标准
1	亮度	在额定运行条件下标识版面平均亮度不应低于下列规定: 白 300cd/m²、黄 150cd/m²、红 45cd/m²、绿 45cd/m²、蓝 30cd/m²、棕 22cd/m²

续表 8.3.3-2

序号	验收项目	验 收 标 准
2	均匀性	标识版面上任何相距150mm测点上的相同颜色的亮度之比不大于1.5:1;整个标识版面上相同颜色的最大亮度与最小亮度之比不大于4:1
3	对比度	白色与蓝色部分平均亮度之比不应大于18:1且不小于5:1;白色部分与红色、绿色部分平均亮度之比不应大于10:1且不小于4:1
4	色度	应符合GB/T 18833的规定
5	逆反射性能	标识表面材料的逆反射系数值应符合GB 5768.1~3和GB/T 18833的规定

8.3.4 标识照明的灯具、照明配电控制箱和线路露天安装应按现行国家标准《建筑电气工程施工质量验收规范》GB 50303、《电气装置安装工程 电气设备交接试验标准》GB 50150和《电气装置安装工程接地装置施工及验收规范》GB 50169的规定进行验收。防雷及接地施工与质量验收应符合现行国家标准《建筑物防雷工程施工与质量验收规范》GB 50601的规定。现场防雷接地保护装置检测和灯具、导线连接的安全检测应按表8.3.4规定执行。

表 8.3.4 电气检测

检测项目	检查数量	检测方法
避雷装置检测	全部	GB 50150、GB 50601
接地装置检测	全部	GB 50150、GB 50601
接地电阻检测	全部	GB 50150、GB 50601
灯具、导线连接的安全检测	全部	GB 50303

8.3.5 标识本体采用的油漆材料的检测与验收应按现行国家标准《色漆和清漆 人工气候老化和人工辐射曝露滤过的氙弧辐射》GB/T 1865、《色漆和清漆 涂层老化的评级方法》GB/T 1766

执行。

8.3.6 标识版面检验项目和检验方法应按表 8.3.6 的规定执行。

表 8.3.6 标识版面检验项目和检验方法

序号	检测项目	检测方法
1	印刷工艺版面检测	GB/T 16422.1~4、GB 7125、GB/T 4851、GB/T 4852
2	贴膜工艺版面检测	
3	蚀刻工艺版面检测	

8.4 维护与保养

8.4.1 应针对标识本体确定相应的维护保养周期。钢结构标识宜至少每年进行一次防腐保养,对构件锈蚀、油漆脱落、龟裂、风化等部位的基底应进行清理、除锈、修复,并重新涂装。

8.4.2 标识本体的结构焊缝、螺栓连接节点及与墙体锚固节点宜每半年检查一次,发现焊缝有裂痕、螺栓及锚固节点松动时,应及时修补及紧固。

8.4.3 标识本体采用木质材料时,宜每三个月检查一次,发现固定螺栓及木质材料腐烂时,应及时予以修补及更换。

8.4.4 标识的照明灯具、电气设施至少宜每月维护保养一次。检查导线的外绝缘和接线端子的接线的紧密度,如外绝缘材料损坏的电线、电缆应及时进行更换,确保用电的安全。

8.4.5 在大风、大雪和梅雨等特殊天气,应将室外标识本体的结构和电气及照明设施列入安全巡检内容。

附录 A 室内外标识照明的平均亮度最大允许值

A.0.1 室内标识照明的平均亮度应高于所处场所的背景亮度。室内标识照明的平均亮度最大允许值宜按表 A.0.1 的规定执行。

表 A.0.1 室内标识照明的平均亮度最大允许值

序号	公共建筑		平均亮度最大允许值 (cd/m^2)
	空间类型	建筑部位	
1	导入空间	建筑入口、主大厅	650
2	导出空间	建筑出口、共享大厅	650
3	交通空间	走廊	150
		楼梯间	150
		电梯厅	350
		公共通道	350
4	核心功能空间	公共车库	150
		地铁站台	350
		地铁站厅	650
		售票厅、候车(船、机)厅等	650
		商业建筑营业厅	1000
5	辅助功能空间	卫生间、设备辅助用房	150

A.0.2 不同环境区域、不同面积的室外标识照明平均亮度最大允许值应符合表 A.0.2 的规定。

表 A.0.2 室外标识照明的平均亮度最大允许值(cd/m²)

标识照明面积(m²)	环境区域			
	E1	E2	E3	E4
S≤0.5	50	400	800	1000
0.5＜S≤2	40	300	600	800
2＜S≤10	30	250	450	600
S＞10	—	150	300	400

注:1 表中 E1 区为天然暗环境区,如国家公园、自然保护区和天文台所在区域等;E2 区为低亮度环境区,如乡(镇)村的工业或居住区域等;E3 区为中等亮度环境区,如城市郊区工业或商业居住区域等;E4 为高亮度环境区,如城市中心和商务区等区域。

2 上述环境区中有下列局部区域的最大允许亮度等应酌情降低,如 E4 环境区中的行政办公(工业)区或公共活动区应按表中所列的商业区的最大允许亮度值乘以 0.4,居住小区应按表中所列的最大允许亮度值乘以 0.1。

3 含有闪烁、循环组合的发光标识,不应在 E1、E2 区域内采用,并不应靠近或直射入 E3、E4 环境区的居住小区内的住户窗户。

本规范用词说明

1 为便于在执行本规范条文时区别对待,对要求严格程度不同的用词说明如下:

1)表示很严格,非这样做不可的:

正面词采用"必须",反面词采用"严禁";

2)表示严格,在正常情况下均应这样做的:

正面词采用"应",反面词采用"不应"或"不得";

3)表示允许稍有选择,在条件许可时首先应这样做的:

正面词采用"宜",反面词采用"不宜";

4)表示有选择,在一定条件下可以这样做的,采用"可"。

2 条文中指明应按其他有关标准执行的写法为:"应符合……的规定"或"应按……执行"。

引用标准名录

《木结构设计规范》GB 50005
《建筑设计防火规范》GB 50016
《钢结构设计规范》GB 50017
《建筑照明设计标准》GB 50034
《低压配电设计规范》GB 50054
《建筑物防雷设计规范》GB 50057
《电气装置安装工程 电气设备交接试验标准》GB 50150
《电气装置安装工程 电缆线路施工及验收规范》GB 50168
《电气装置安装工程 接地装置施工及验收规范》GB 50169
《电气装置安装工程 66kV及以下架空电力线路施工及验收规范》GB 50173
《混凝土结构工程施工质量验收规范》GB 50204
《钢结构工程施工质量验收规范》GB 50205
《建筑内部装修设计防火规范》GB 50222
《建筑电气工程施工质量验收规范》GB 50303
《综合布线系统工程设计规范》GB 50311
《智能建筑设计标准》GB 50314
《智能建筑工程质量验收规范》GB 50339
《建筑结构检测技术标准》GB/T 50344
《建筑结构加固工程施工质量验收规范》GB 50550
《建筑物防雷工程施工与质量验收规范》GB 50601
《智能建筑工程施工规范》GB 50606
《无障碍设计规范》GB 50763
《碳素结构钢》GB/T 700

《色漆和清漆　涂层老化的评级方法》GB/T 1766

《色漆和清漆　人工气候老化和人工辐射曝露滤过的氙弧辐射》GB/T 1865

《安全色》GB 2893

《钢及钢产品　力学性能试验取样位置及试样制备》GB/T 2975

《变形铝及铝合金的化学成分》GB/T 3190

《一般工业用铝及铝合金板、带材　第1部分：一般要求》GB/T 3880.1

《一般工业用铝及铝合金板、带材　第2部分：力学性能》GB/T 3880.2

《一般工业用铝及铝合金板、带材　第3部分：尺寸偏差》GB/T 3880.3

《胶粘带持粘性的试验方法》GB/T 4851

《压敏胶粘带初粘性试验方法（滚球法）》GB/T 4852

《铝合金建筑型材　第1部分：基材》GB/T 5237.1

《铝合金建筑型材　第2部分：阳极氧化型材》GB/T 5237.2

《铝合金建筑型材　第3部分：电泳涂漆型材》GB/T 5237.3

《铝合金建筑型材　第4部分：粉末喷涂型材》GB/T 5237.4

《铝合金建筑型材　第5部分：氟碳漆喷涂型材》GB/T 5237.5

《铝合金建筑型材　第6部分：隔热型材》GB/T 5237.6

《道路交通标志和标线　第1部分：总则》GB 5768.1

《道路交通标志和标线　第2部分：道路交通标志》GB 5768.2

《道路交通标志和标线　第3部分：道路交通标线》GB 5768.3

《灯具　第1部分：一般要求与试验》GB 7000.1

《胶粘带厚度的试验方法》GB/T 7125

《浇铸型工业有机玻璃板材》GB/T 7134

《建筑材料及制品燃烧性能分级》GB 8624

《涂覆涂料钢材表面处理　表面清洁度的目视评定　第1部分：未涂覆过的钢材表面和全面清除原有涂层后的钢材表面的锈蚀等

级和处理等级》GB/T 8923.1

《金属及其他无机覆盖层 钢铁上经过处理的锌电镀层》GB/T 9799

《公共信息导向系统 设置原则与要求第 1 部分:总则》GB/T 15566.1

《标志用公共信息图形符号 第 2 部分:旅游休闲符号》GB/T 10001.2

《标志用公共信息图形符号 第 3 部分:客运货运符号》GB/T 10001.3

《标志用公共信息图形符号 第 4 部分:运动健身符号》GB/T 10001.4

《标志用公共信息图形符号 第 5 部分:购物符号》GB/T 10001.5

《标志用公共信息图形符号 第 6 部分:医疗保健符号》GB/T 10001.6

《标志用公共信息图形符号 第 9 部分:无障碍设施符号》GB/T 10001.9

《焊缝无损检测 超声检测 技术、检测等级和评定》GB/T 11345

《金属覆盖层 钢铁制件热浸镀锌层 技术要求及试验方法》GB/T 13912

《中国盲文》GB/T 15720

《塑料 实验室光源暴露试验方法 第 1 部分:总则》GB/T 16422.1

《塑料 实验室光源暴露试验方法 第 2 部分:氙弧灯》GB/T 16422.2

《塑料 实验室光源暴露试验方法 第 3 部分:荧光紫外灯》GB/T 16422.3

《塑料 实验室光源暴露试验方法 第 4 部分:开放式碳弧灯》

GB/T 16422.4

《标志用图形符号表示规则 第1部分:公共信息图形符号的设计原则》GB/T 16903.1

《标志用图形符号表示规则 第2部分:理解度测试方法》GB/T 16903.2

《标志用图形符号表示规则 第3部分:感知性测试方法》GB/T 16903.3

《印刷品用公共信息图形标志》GB/T 17695

《消防应急照明和疏散指示系统》GB 17945

《室内装饰装修材料 聚氯乙烯卷材地板中有害物质限量》GB 18586

《道路交通反光膜》GB/T 18833

《霓虹灯安装规范》GB 19653

《公共信息导向系统 导向要素的设计原则与要求 第1部分:总则》GB/T 20501.1

《公共信息导向系统 导向要素的设计原则与要求 第2部分:位置标志》GB/T 20501.2

《应急导向系统 设置原则与要求》GB/T 23809

《建筑变形测量规范》JGJ 8

《回弹法检测混凝土抗压强度技术规程》JGJ/T 23

《建筑施工高处作业安全技术规范》JGJ 80

《混凝土结构后锚固技术规程》JGJ 145

《无损探测 焊缝磁粉检测》JB/T 6061

《钢结构超声波探伤及质量分级法》JG/T 203

《内部照明标准》JT/T 750

中华人民共和国国家标准

公共建筑标识系统技术规范

GB/T 51223-2017

条 文 说 明

编 制 说 明

《公共建筑标识系统技术规范》GB/T 51223—2017，经住房城乡建设部 2017 年 1 月 21 日以第 1443 号公告批准发布。

本规范制定过程中，编制组进行了广泛的调查研究，认真总结了我国标识的实践经验，并参考了国外相关标准，在听取了国内众多专家意见的基础上，经多次论证，确定各项技术要求。

为便于广大设计、施工、管理等单位有关人员在使用本规范时能正确理解和执行条文规定，《公共建筑标识系统技术规范》编制组按章、节、条顺序编制了本规范的条文说明，对条文规定的目的、依据以及执行中需注意的有关事项进行了说明。但是，本条文说明不具备与规范正文同等的法律效力，仅供使用者作为理解和把握规范规定的参考。

目　　次

1 总　　则 ································· (47)
2 术　　语 ································· (49)
3 基本规定 ································· (51)
　3.1 标识及标识系统 ························· (51)
　3.2 公共建筑标识系统设置 ··················· (58)
4 导向标识系统规划布局 ····················· (60)
　4.1 一般规定 ······························· (60)
　4.2 导向标识系统构成形式 ··················· (61)
　4.3 导向标识系统信息架构 ··················· (62)
　4.4 导向标识系统点位设置 ··················· (64)
　4.5 无障碍标识系统设置 ····················· (66)
5 视觉导向标识系统设计 ····················· (68)
　5.1 一般规定 ······························· (68)
　5.2 人行导向标识空间位置 ··················· (68)
　5.3 人行导向标识版面设计 ··················· (69)
　5.4 车行导向标识空间位置与版面设计 ········· (72)
　5.5 标识形态 ······························· (73)
6 其他标识系统设计 ························· (75)
　6.1 触觉标识系统设计 ······················· (75)
　6.2 听觉标识系统设计 ······················· (75)
　6.3 感应标识系统设计 ······················· (76)
　6.4 交互式标识系统设计 ····················· (77)
7 标识本体 ································· (79)
　7.1 一般规定 ······························· (79)

7.2	材料	(79)
7.3	结构	(79)
7.4	供配电	(80)
7.5	照明与显示	(81)
8	制作安装、检测验收和维护保养	(86)
8.1	一般规定	(86)
8.2	制作与安装	(87)
8.3	检测与验收	(88)
8.4	维护与保养	(88)
附录A	室内外标识照明的平均亮度最大允许值	(90)

1 总　　则

1.0.1 近二十年来,我国公共建筑环境空间中对各类标识需求急速膨胀,行业发展迅猛,如 2014 年整个公共标识领域达到 1116 亿元,其中交通领域就达到 357.1 亿元,以 LED 动态标识为代表的新技术不断涌现。尽管该领域相关规范技术标准陆续出现,但总体上对相关设计的规定还存在着不足和许多空白,如相关的规范规定范围具有一定局限性,缺乏对标识体系的系统研究;缺乏对标识整体规划布置、信息分级等方面的考虑;在标识设计的流程及各阶段的设置内容、深度要求方面的规定还是空白;缺乏对通用无障碍标识的规定等。为此,本专业广大技术人员企盼由国家组织编制该领域的技术标准,以建立系统、完善的公共建筑环境空间标识系统、工程共用和需要协调一致的基本概念体系和技术标准,从而有助于我国标识设置理念的提升。有助于提升我国标识工程的设置水平,缩短与国际水准差异;有助于国家及相关部门对标识行业质量的管控,规范标识行业,促使其健康发展;有助于提高建筑物业管理的水平,是向现代化管理水平过渡的重要标志;有助于保证人们在空间有序的流动,提高效率,保障安全。

1.0.2 本规范是公共建筑标识系统工程建设领域跨行业、跨专业和学科的基本概念体系和通用性技术标准。它的条文参考采用了我国已有的和即将颁布的有关国家标准、地方标准、行业标准和部分权威性的手册等,也参考吸收了部分国外权威性标准。本规范主要适用于公共建筑标识系统新建、改建和扩建工程的规划布局、设计、制作、安装、检测、验收和维护保养等,同时对教学和科研也具有一定的指导作用。

1.0.3 公共建筑标识系统设置应遵循"适用、安全、协调、通用"的基本要求。其中,适用指标识系统设置要高效、易识别、明确、醒目;安全指标识生产制作、安装和使用的安全性;协调指标识与环境空间的协调、布局的协调、本体比例的协调和颜色亮度的协调等;通用指采用通用性设计和无障碍设计的理念。

2 术　语

2.0.1　现行国家标准《民用建筑设计通则》GB 50352将公共建筑定义为:民用建筑中供人们进行各种公共活动的建筑。现行国家标准《公共建筑节能设计标准》GB 50189等将公共建筑定义为:公共建筑包含办公建筑(包括商务办公、国家机关办公建筑等)、商业建筑(如商场、金融机构建筑等)、旅游建筑(如宾馆饭店、娱乐场所等)、科教文卫建筑(包括文化、教育、科研、医疗卫生、体育建筑等)、通信建筑(如邮电、通信、广播、电视、数据中心等)、交通运输建筑(如机场、车站、码头建筑等)以及其他类型建筑。本规范术语与其他现有国家标准保持一致。

2.0.3　在我国古文献以及《辞海》中,"标识"与"标志"是完全等同的,标识即标志。《现代汉语词典》中［标志］(标识)读"biāo zhì"。但一些行业内的学者专家却认为:远古的"标志"是一个标记事物的特征,今天的"标识"突出的是让人"认得"、"认识"、"识别"的特征。根据今天"标识"的内涵特征,读音也应该名正言顺地读成"［标识］biāo shí"。学者洪兴宇将标识定义为信息、情报、视觉传达的媒介和符号,不同的学者对标识都有不同的理解和定义。

本规范在定义标识时,突出其两个特点:一是标识可以通过多感官方式传达信息;二是本规范的标识是一种公共服务设施。结合这两个特点,将标识定义为以颜色、形状、字符、图形等视觉、听觉、触觉或其他感知方式向使用者提供导向与识别功能的信息载体,是一种传递信息的公共服务设施。

2.0.5　所谓公共属性指由公共提供的、社会中每个人都能不同程度享受的物品和劳务。

2.0.8～2.0.10　标识可以通过不同的感官方式传达表现信息,从常规使用情况来看可分为视觉、听觉和触觉三种类型。其中,最常用的是视觉标识,通过视觉媒介传达信息。但考虑到视力残疾人等残障人士的需求,标识的通用设计越来越重视盲人等可通过听觉或触觉获取与正常人同样的信息。

2.0.12 交互指参与活动的对象可以互相交流,双方面互动。人机交互是指人与计算机之间使用某种对话语言,以一定的交互方式,为完成确定任务的人和计算机之间的信息交换过程。

2.0.14 信息架构的主体是信息,信息通过设计结构、组织以及归类,让使用者与用户更容易寻找与管理。信息架构是合理组织信息的展现形式。

2.0.15 标识规划布局主要为下一步更为详细的方案提供准确的设计、工程预算等信息,其中包括数量、各个位置设置形式、各个位置传递的信息、依据设置位置空间提供标识造型尺寸依据等。

2.0.18 标识版面设计指进行标识所传达信息的布局设置,如文字、图标、图片、符号、色彩等可视化信息元素在版面上位置、大小、间距等信息的平面布置,使信息传达更有效、更美观。

2.0.19 标识形态指标识的物体形象,是标识的外在属性(如形状、颜色、材料质感等)以及其组合关系所呈现的审美特征。

2.0.20、2.0.21 根据标识照明所具有的特点和用途形成的术语。与照明相关的术语还有亮度、照度、照明功率密度、环境区域、外溢光/杂散光、干扰光、光污染、眩光等,具体术语解释及说明可查阅国家现行标准《电工术语 照明》GB/T 2900.65、《建筑照明术语标准》JGJ/T 119 和《城市夜景照明设计规范》JGJ/T 163 等。

3 基本规定

3.1 标识及标识系统

3.1.1 对表 3.1.1 的解释说明如下：

公共建筑标识具有不同的分类方式，每种类型标识有各自的特点和适用性，在规划设计、制作、安装等方面具体的技术参数存在差异，要求不同，为便于本规范后续内容技术指标规定有针对性，有必要对公共建筑标识进行分类。另外，当前实践中分类较为零乱，而且各种名称叫法不够统一，这也是本规范提出标识标准化的分类原因。

根据传递的信息，对于正常使用状态下的公共建筑标识分类，国内外许多学者开展了研究，提出了不同的分类形式：

日本建筑学会《建筑设计资料集 10（技术-标识）》（1983）分类：名称标识、引导标识、导游标识、说明标识、限制标识等。

美国的大卫·吉布森所著《THE WAYFINDING HANDBOOK》分类：识别标识、指示标识、咨询标识、监管标识四类。

清华大学洪兴宇所著《标识导视系统设计》提出了如下分类：位置标识、导视标识、信息平面示意图、区域信息功能图、街区信息导视图、导视信息印刷品等。

广州美院向帆所著《导向标识系统设计》提出了如下分类：指南标识类、诱导标识类、名称标识、说明标识、禁止标识等。

《简捷图示室内设计手册》将室内标识分为 17 类：主要标识（辨认），主要指示标识，电梯层的指示标识，图解所在位置的显示器，主要指示标识，次要（辅助）标识，区域标识，房间辨认标识，桌台标识，身份标识，规章管理与控制标识，出口标识，信息展示箱，指示标识，捐助者表彰标识，医药、仪器和控制系统标记，其他（由设计师指定)等。

（1）上述不同分类形式在系统性与准确性方面各存在一定问题，本规范以上述分类为基础，根据传递的信息和使用的普遍性，将正常使用状态下的公共建筑标识分为以下五类：

1）引导类标识：指示通往目的地方向。引导标识内容包括地点名称、箭头方向、距离等信息，使得使用者能够快速、准确地寻找到目的地。引导标识是公共建筑导向标识系统的最重要组成。

2）识别类标识：标识出设施及环境场所的名称，使其有别于其他设施和环境场所。如车站、公园、建筑物等名称标识。识别标识可根据标识对象的性质强化主体形象。

3）定位类标识：标出设施所在位置及使用者所处环境与整个区域间相互关系，常与识别标识、引导标识同时出现，综合运用。定位类标识包括：大幅面的交通图、导览图等。

4）说明类标识：用于表达设置的意图，解说公共建筑的内容、场所环境的说明，加深人们对所传达对象的认识。说明类标识包括：公约条款、宣传信息、空间介绍及其他相关说明性信息等。

5）限制类标识：分为提示类标识和警示类标识，督促人们注意安全及遵守交通秩序。通过本标识本体的空间限定和标识文字及色彩信息的传达，进行一些限制性行为的说明及警示，达到预防危险的发生。

引导类标识和识别类标识构成公共建筑的基本标识系统；而定位类标识、说明类标识、限制类标识为公共建筑辅助标识系统。

（2）参照现行国家标准《公共信息导向系统　设置原则与要求　第1部分：总则》GB/T 15566.1的规定，根据当前的应用实践，对标识本体设置安装方式作了适当调整。根据标识本体设置安装方式，公共建筑标识分为以下六类（具体形式如表1所示）：

表1 以标识本体设置安装方式分类的公共建筑标识

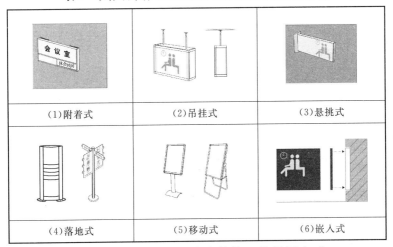

(1)附着式	(2)吊挂式	(3)悬挑式
(4)落地式	(5)移动式	(6)嵌入式

1)附着式:标志背面直接固定在物体上的设置方式;
2)吊挂式:与建构筑物顶部连接固定的悬空设置方式;
3)悬挑式:与建构筑物墙壁连接固定的悬挑设置方式;
4)落地式:固定在地面的设置方式;
5)移动式:可移动放置的设置方式;
6)嵌入式:通过镶嵌、喷涂等方法将标识固定在建(构)筑物墙壁或地面上的设置方式。

此外,常用的设置方式还包括如下形式:台式,附着在一定高度的倾斜台面上的设置方式;框架式,固定在框架内或支撑杆之间的设置方式。

(3)公共建筑标识根据内容显示方式,分为静态标识和动态标识。静态标识应用最广泛,目前最常见,标识版面内容一旦确定,安装完善后,很难再改动;动态标识一般是指用LED显示屏发布相关的信息,动态标识的应用目前也越来越多,尤其是在综合交通枢纽等建筑中,用于动态信息的发布显示、交互式的信息指引等。

(4)公共建筑标识可根据设置时效,分为长期性标识和临时性标识。长期性标识一般是指用于使用年限3年以上,能够长期用于公共建筑之中。长期性标识对版面、本体材料等技术要求较高，需满足一定的耐久性，保证在设计使用年限之内。临时性标识一般使用期限短，为举办某个活动，如会议、展览等提供临时导向。在版面、本体材料等技术要求上相对较低。

3.1.2 对表3.1.2的解释说明如下：

（1）尽管公共建筑类型有所差异，但是公共建筑从空间上都可划分为室外空间、导入/导出空间、交通空间、核心功能空间和辅助功能空间。

（2）公共建筑内不同的功能区服务的对象不同，使用对象可根据使用者在公共建筑中的行动状态划分为人行、车行。

（3）"点状形式标识系统"、"线状形式标识系统"、"枝状形式标识系统"、"环状结构形式标识系统"和"复合形式标识系统"的解释说明如下：

1）点状形式标识系统：以单一空间为核心，众多功能行为流线组织于其内部或四周，则此类建筑的标识系统结构呈现点状组织方式，结构形式简单。

2）线状形式标识系统：按照单一的功能顺序依次层层展开，则此类建筑的标识系统结构呈线性组织方式，结构组织形式较为简单。

3）枝状形式标识系统：以交通空间为中枢，分层分区通往大量重复或近似的类型空间，则此类建筑的标识系统结构呈枝状组织方式。

4）环状形式标识系统：在同一公共建筑中同时存在两条首尾相接、方向相反的功能行为流线，则此类建筑的标识系统结构呈环状组织方式。

5）复合形式标识系统：在同一公共建筑的不同部分依据功能需求采用上述两种或以上结构组织方式，共同构成的复合结构组织方式。

点状形式标识系统、线状形式标识系统、枝状形式标识系统、环状形式标识系统的流线类型及标识组织方式示意如下图所示。

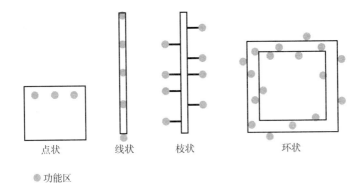

图 1　流线类型及标识组织方式示意图

3.1.3 根据标识系统的功能和属性,公共建筑标识系统分为导向标识系统和非导向标识系统。非导向标识系统是指传达以商业信息为主的标识系统。导向标识系统构成说明如下:

(1)通行导向标识系统包括人行导向系统和车行导向标识系统,对于车行导向标识系统除了表 3.1.3 中所列的设置范围外,还包括地面(地下)停车场(库)等区域。

(2)服务导向标识系统向使用者提供公共建筑服务功能的标识系统,包括各种商业服务和社会服务、医院门诊的就诊服务等。

(3)应急导向标识系统,其具有特殊引导性,目的是就近引导至安全空间,引导级别高于常规导向标识系统。

3.1.4 人行导向标识系统标识构成说明见表 2。

表 2　人行导向标识系统构成

序号	系统构成	功　　能
1	引导类标识	指引使用者通往预期目的地的公共信息标识
2	识别类标识	标明服务设施或服务功能所在位置的公共信息标识

续表 2

序号	系统构成		功　能
3	定位类标识		传达特定区域或场所内服务设施位置分布信息的平面图等标识
4	说明类标识		说明特定区域或场所内服务功能及相应设施设备的使用说明、简介等解说性标识
5	限制类标识	提示类标识	显示特定场所或范围内服务功能或服务设施，提醒示意使用者注意并依其内容作出相应选择行动结果的信息标识
		警示类标识	为命令性信息标识，对使用者有警告、命令、禁止或限制相关行为的作用，起到预防危险发生的作用

车行导向系统用于引导车辆，目前在我国交通标志标线相关的规范中有明确规定和分类。本规范中的车行导向系统为保持与人行导向系统用法一致，将其分为引导类标识、识别类标识、定位类标识、说明类标识及限制类标识五类，这五种分类与名称与现行国家标准《道路交通标志和标线》GB 5768 等并不矛盾，有相应的对应关系。现行国家标准《道路交通标志和标线》GB 5768 针对交通标志可分为如下七类：

警告标志：警告车辆、行人注意道路交通的标志；

禁令标志：禁止或限制车辆、行人交通行为的标志；

指示标志：指示车辆、行人应遵循的标志；

指路标志：传递道路方向、地点、距离信息的标志；

旅游区标志：提供旅游景点方向、距离的标志；

作业区标志：告知道路作业区通行的标志；

告示标志：告知路外设施、安全行驶信息以及其他信息的标志。

本规范中规定的引导类标识、识别类标识与定位类标识可与现行国家标准《道路交通标志和标线》GB 5768的指示标志与指路标志相对应；限制类标识可与警告标志、禁令标志等相对应；说明类标识则可对应告示标志等。

因移动速度和视线角度不同，人行导向系统和车行导向系统在标识版面布置方面存在较大差异。现行国家标准《城市道路交通设施设计规范》GB 50688和《道路交通标志和标线》GB 5768对车行导向系统的设置已有明确规定，因此，车行导向系统的具体技术标准可参考这两本规范。本规范规定的相关技术标准主要针对人行导向系统。

3.1.5 导向标识用于指示目的地，传达指路信息，可包括方向、距离、名称等信息，这些信息通过版面具体传达。标识版面则由图形、符号、文字、数字、色彩、明暗、声音听觉显示和言语听觉显示等多种构成元素组成，其中图形符号、文字与色彩为核心的三类元素。

图形符号是指以图形为主要特征，信息传递不依赖于语言的符号（现行国家标准《图形符号 术语》GB/T 15565.1—2008）。对于公共信息的图形符号，现行国家标准《标志用公共信息图形符号》GB/T 10001中对图形符号的使用规则，尤其是针对方向箭头等通用符号的形状有明确规定，含义也有明确解释。图形符号具有直观表达信息的优势，在设计中应该具有较高的可理解性，避免存在歧义。随着国际化发展，图形符号未来还应与国际接轨，方便不同语言国家人员的使用。

色彩是向使用者提供最直观信息的表现形式，如：红色在多数情况下代表禁止；黄色在多数情况下代表警示、提醒；绿色在多数情况下代表安全等。另外，色彩元素在标识本体外观中、环境中也起到了相应美化的作用，需合理搭配使用，避免特定环境中产生歧义。文字是表达信息最常用的方式，但是在直观性方面不如图形符号和色彩，文字表达信息时应注意简洁、明了，以及文字表达的准确性与协调性。同时，还应考虑对视觉确认性的效果，保证文字具有一定的尺寸、选择合适的字体。

3.2 公共建筑标识系统设置

3.2.1 考虑到导向信息的系统性和连续性,对于公共建筑的标识系统设计除了室内空间之外,还应考虑在地块红线范围内的室外空间的标识引导,方便使用者能够快速准确识别目的地的建筑物位置,此外,在该范围内还可以设置识别类标识、定位类标识用于说明解释建筑物的相关信息等。

3.2.3 设计使用年限是标识在未来使用中至少能够达到的寿命的最低要求。它是控制标识在设计、制作、安装及未来维护等全过程质量的重要指标,对材料的选择、本体结构形式等具有直接影响,同时也影响整个项目的经济成本。因此,标识的设计使用年限需根据标识的功能、用途,建筑物规模、等级和重要程度,综合考虑经济成本,合理确定。

本规范主要针对永久建筑内的长期性标识,使用年限分为标识版面的设计使用年限和标识本体结构的设计使用年限。

综合考虑我国当前标识企业的实际产品质量和生产能力,使用寿命规定不宜过高,否则将与实际脱节;同时也不宜过低,否则无法实现对整体行业质量的控制,以及对未来行业水平发展的推动。标识版面设计使用年限建议不少于5年;标识本体结构的设计使用年限适当要高,建议不少于10年。

3.2.5 人的身高、与视觉相关的人机工程学参数,是控制视觉导向标识版面设计的关键因素和主要依据。不同的人在年龄、性别、视力等方面存在差异较大,导致视线高度、视角范围等方面差异很大。实际设计中很难兼顾所有人的需求,只能满足绝大部分使用群体的要求,为便于设计,很有必要将不同群体共性的人机工程学参数进行汇总,将其平均值作为设计依据。未来实际过程中,根据不同的人群特点,选择具有代表性的设计参数作为依据。不同服务对象的人机工程学参数选用可参考表3的规定。

表3 各设计对象的人机工程学参数

类型		视线高度(mm)	水平视角范围	垂直视角范围
成人	男子	1547	30°~60°	60°
	女子	1443	30°~60°	60°
儿童		1100	30°~60°	60°
轮椅使用者		1200~1270	30°~60°	60°

注：资料来源于建筑资料集(第二版)。

3.2.6 所谓强化设计指可以通过将字体放大或增加标识背景色与标识内容颜色的明度对比等方法，使标识内容更易识别。

4 导向标识系统规划布局

4.1 一般规定

4.1.1 本条强调了在开展导向标识系统设置时,进行整体系统规划的必要性。公共建筑规模越来越大、功能越来越复合,服务的人群种类多,如综合交通枢纽、大型城市综合体等。这些大空间内,人流动线错综复杂、信息大,很有必要根据公共建筑空间功能布局以及人流动线分层级设置,开展标识系统的规划,通过规划整体布局标识系统,使得整个区域标识信息指引连贯、一致,点位布置规范、合理,版面风格统一、协调,形式材料安全、实用。

分层级设置:将空间中的各种信息根据一定的逻辑顺序分类、分层级,使得复杂的空间信息具有逻辑顺序。层序性的空间信息处理法有助于更加清晰准确地传达空间信息。空间信息分层级设置,是构件标识系统的基础方法,比如城市空间的标识系统构建需要将其分为四个层级:一是城市边缘区域,二是城市内区域边缘,三是城市副中心,四是城市中心,这决定了区域空间信息的层序性,包括信息属性的次序、信息类比的属性。

4.1.2 标识系统与建筑功能空间的分布密切相关,标识系统规划提早介入,与建筑设计、室内设计同期考虑,主要有以下优势:

(1)标识系统设计通常需要进行详细的使用者信息需求分析和行为流线分析,通过这种分析可以对建筑总体空间布局的优化具有一定反馈作用;

(2)同期考虑可以减少后期对结构、室内装修等的影响,减少重复工作,节约工程成本。

4.2 导向标识系统构成形式

4.2.1 流线是在建筑设计中经常要用到的一个基本概念,通常称为空间动线,是指人们在建筑中活动的路线,根据人的行为方式把一定的空间组织起来,通过流线设计分割空间,从而达到划分不同功能区域的目的。

公共人流交通线中不同的使用对象也构成不同的人流,这些不同的人流在设计中都要分别组织,相互分开,避免彼此的干扰。例如,车站建筑中的进站旅客流线就包括一般旅客流线、母子旅客流线、软席旅客流线及贵宾流线等。一般旅客流线中通常按其乘车方向构成不同的流线;体育建筑中公共人流线除了一般观众流线外还包括运动员的流线、贵宾及首长流线等。

常用的流线组织有以下三种方式:

(1)水平方向的组织。把不同的流线组织在同一平面的不同区域,与前述水平功能分区是一致的。如在车站建筑中,将旅客进站流线和出站流线分开布置在两边;在商店中将顾客流线和货物流线分别布置于前部和后部;在展览建筑中,将参观流线和展品流线以前后或左右分开布置。这种水平分区的流线组织垂直交通少,联系方便,避免大量人流的上上下下。在中小型的建筑中,这种方式较为简单,但对某些大型建筑来讲,单纯的水平方向组织可能不易解决复杂的交通问题,或往往使平面布局复杂化。

(2)垂直方向的组织。把不同的流线组织在不同的层上,以垂直方向把不同流线分开。如同前述,在车站建筑中将进站流线和出站流线分别布置于底层和二层;医院建筑中将门诊人流布置在底层,各病区人流按层组织在其上部;展览建筑中将展品流线组织在底层,把参观人流组织在二层以上,等等。这种垂直方向的流线组织,分工明确,可以简化平面,对较大型的建筑更为适合。但是它增加了垂直交通,同时分层布置要考虑荷载及人流量的大小,一般讲,总是将荷载大,人流多的部分布置在下,而将荷载小,人流量少的置于上部。

（3）水平和垂直相结合的流线方式。既在平面上划分不同的区域,又按层组织交通流线,常用于规模较大,流线较复杂的建筑物中。

4.2.2 第3款中,货物流线在特殊情况下,还应考虑货物装卸与运输过程中的噪声、污染与气味对建筑使用的影响。

4.3 导向标识系统信息架构

4.3.1 正常人在某一特定的时间、条件下处理的信息能力是有限的,如果信息量过大、过于复杂,会增加人们的心理负担和压力,影响情绪。对于复杂大空间的建筑来说,为提高标识导向效果,避免不必要的信息干扰,使人们能够快速、准确识别目的地,需要对导向信息进行分类、分级。

国外在大型建筑,尤其是机场等交通枢纽的导向标识设计中比较重视对导向信息的分类、分级。以美国机场导向标识设计为例,由联邦航空管理署(Federal Aviation Adminstration)发布的机场导向标识设计手册,对导向信息的信息重要度分级比较重视,将机场导向设计的信息分为三级,优先指引重要信息。

第一级信息最重要,在信息表达时需要言简意赅,在标识版面上应采用能够最大程度被使用者发觉的信息表达方式。对于机场,建议将航站楼、售票、检票登机、行李提取、登机口、地面接驳交通等信息作为第一级信息。这类信息通常是对机场主要功能的指引,一般情况下是所有旅客都必须用到的设施。

第二级信息应能保证旅客高效的流通。主要指对机场的服务设施以及其他配套设施的指引。例如卫生间、停车场、公用电话、电梯等。

第三级信息是指除一、二级之外的信息,通常指监管类标识,如禁止吸烟、联邦及各州要求的安全警示类信息等。

但手册认为信息层级划分不是绝对的,每种信息所属于的层次也不是绝对的,需根据具体建筑功能、空间位置等确定。例如,对于驱车前往航站楼准备出发的旅客,首先需要先找到停车场,这种情况下停车场应该是首选的重要信息,作为第一级信息。但在机场航站楼内部时,停车场信息一般位于第二层次。

本规范建议公共建筑空间采用四级进行导向引导:

(1)一级信息,包括户外环境平面图、公共设施区域信息等,如综合医院周边道路交通信息、楼宇街区信息编号、各部门铭牌、停车标识、室外宣传栏、告示栏等。

(2)二级信息,包括楼层总平面图、总索引平面图等,如综合医院的单位铭牌、楼层信息、电子信息屏宣传栏、告示栏标识、楼层多向综合指示标识等。

(3)三级信息,包括各楼层引导信息、公共功能区域信息等,如综合医院当前楼层行政职能部门标识、会议单元标识、后勤保障单位综合导向标识、公共服务设施导向标识等。

(4)四级信息,包括各功能区域具体标识,如综合医院各职能行政部门标识牌、公共服务设施标识牌、无障碍设施标识牌、安全警示牌、消防警示牌等。

采用四级进行导向引导符合人的正常认知习惯,同时也有利于标识的版面设置更具有层次性和逻辑性,提高指引效率,避免信息的混乱。由于每种公共建筑各自功能布局、特点等差异较大,在导向信息方面必然也存在差异,很难给出一套通用的信息分级标准,实际设计中可根据每种公共建筑的具体情况,按照一定方法进行层级划分。

4.3.2 当某一标识版面反映信息较多时,如不进行优先排序,重要的信息不够突出,容易被次要或无关紧要的信息所干扰。因此,标识版面信息设计时,首先对信息进行分级,对相关信息的重要度进行排序,然后通过一定的设计手段,将重要信息加以突出,常用手法包括色彩、尺寸对比等。如日本、上海地铁标识导向设计中,通常将出口信息用黄色底黑字标识,增强识别性。

4.3.4 公共名称指地名、公众常用方位描述词语等。表述应一致是指采用一致的文字或图形,如对高铁站指引时,应避免在不同标识牌上出现"高铁"、"高铁站"、"高铁新站"等不同表达方式。

4.4 导向标识系统点位设置

4.4.1 标识点位规划设计目标是确定标识在公共建筑内的空间位置,在布置时应遵循以下原则:

(1)依据性:标识点位规划布置应结合使用者心理和行为特征,以人行动线分析作为前提和依据。

(2)层次性:标识点位规划布置应坚持范围由大到小、由远到近的原则,按层级导向。

(3)识别性:标识点位的规划布置应易识别、醒目,避免被其他设施遮挡。

(4)连续性:标识点位的规划布置应连续。

(5)规范性:设置位置应符合人机工程学要求,满足相关规范的要求。

(6)协调性:设置位置应处理好与其他设施的关系,减少空间占用,必要时可以其他设施合并设置。

(7)合理性:标识位置应分布均匀,主次分明。

(8)方便性:设置位置应便于标识施工安装以及维护更换等。

4.4.2 一般在人流流线的起终点、转折点、分叉点、交叉点以及所有可能引起人行路线走偏以及行人需要达到的部位均应设置标识。公共建筑楼梯的起点、终点应设置标识。

对于连续长通道,为减少使用者不必要的疑惑或焦虑等,需及时向其指引前方信息,需要对相关信息按一定间距进行重复设置。这个距离一般以使用者能够"一个接着一个看到"的原则设置,本规范规定按50m的间距。

依据行走惯例,标识宜安装于梯步的侧前方位。

4.4.3 考虑车辆具有一定的运行速度以及驾驶人反应需要一定的时间,对于车行导向系统设置应保证驾驶人对标志具有足够的时间识别并阅读标志,然后再采取相应措施,这种情况下要求标识设置一般应满足一定的前置距离,该距离与车辆运行速度相关。

对于前方存在分叉点、交叉点时,需要提前设置标志系统引导驾驶人提前变换车道,该前置距离也与运行速度相关。

驾驶人在交通标识引导下改变行驶路线的过程中,可以分为四步:认知标志—理解标志—开始操作—完成操作。识别标识所需要距离根据反应时间和采取相应行动时间来计算,驾驶员对交通标志的反应时间受多方面因素影响,根据国外以及我国的一些资料建议取值为3s,由于公共建筑内部车行通道设计速度较低,一般在20km/h以下,一般需要前置距离15m,当在车库内部按设计速度5km/h~10km/h时,则前置距离更短。

4.4.4 对于大型公共建筑,功能分区多、流线复杂,标识点位也相应较多,需要对标识系统的每个点位进行系统、标准化的编码。每个点位对应唯一的编码,一方面便于设计,另外通过编码也可直接获取所设置标识采用的形式、材料等信息。编码可按室内/室外、楼层、信息类型、形式、单双面、照明、临时/永久等标识的特征进行。例如,表4是针对某高铁站核心区地下空间的导向标识系统设计进行的编码建议。

表4 标识点位编码规则建议

室内/室外	楼层	信息类别	形式	单双面	照明	位置	临时
室内 In	Bn↓Fn	DS:导向标识	A:落地式	单面1	有照明1	X	永久
室外 Out		ID:识别标识	B:移动式	双面2	无照明0		临时
		SA:限制标识	C:悬挂式				
		IS:说明标识	D:悬挑式				
			E:附着式				
I/O	Bn/Fn	DS/ID/SA/IS	A/B/C/D/E	1/2	1/0	X	_/(临)

注:根据不同项目选取所需项,依次用中划线联接,例如编号"In-B1-DS-A-1-0-X"是室内第一层导向类的第X个位置的标识,采用落地式、单面、非照明显示的版面方式。

4.5 无障碍标识系统设置

4.5.1 传统的标识系统主要以视觉为信息输入的渠道,这对视觉残疾者造成使用的局限性,因此要针对视觉残疾者设置专用的导向系统设施。无障碍标识应当纳入环境或建筑内部的导向标识系统,形成完整的系统,清楚地向视觉残疾者说明空间信息,因地制宜设置无障碍信息的设备和设施。

根据美国《ADA(Americans with Disabilities Act)》标识设计标准,无障碍标识系统适用人群范围包括:

(1)盲人。盲人看不见标识、室内变化、颜色或型号。他们通过听觉和触觉所能"看见"的只是人和场所。他们通过自己身体所在的位置而对三维空间有着深刻的理解。走路时,他们想要知道的只是手将落在哪里及脚和拐杖将放在何处。盲人也能根据人流量和问路来分辨方向。盲人在人群中占了2‰~3‰的比例,但是这组群体中只有很小比例的人能读盲文和凸起的字母。

(2)视力残疾人。有视觉障碍的人能区分类型和颜色,但他们很难发现标识,除非就在附近。他们也很容易混淆事物,特别是小型的和颜色对比度低的物体。这部分人在人群中占了至少25%的比例。包括65岁以上的人的话,这个比例可高达75%,尽管他们人口众多,但无论是在设计实践还是在条例实施中,他们往往是最容易被忽视的人群。

(3)身体障碍人士。有身体障碍的人能够分辨所处环境。特制人行道、电梯、大门、改装卫生间和坡道的削减均是在物质方面为这个群体提供服务。虽然这种改造不会集中于这个群体的寻路需求,但它是以环境结构设计和是否以改善伤残人士的环境为中心的。

4.5.2 政府机关与主要公共建筑的无障碍通路、停车车位、建筑人口、服务台、电梯、公共厕所或专用厕所、轮椅席、客房等无障碍设施的位置及走向,应设置国际通用的无障碍标志牌。

现行国家标准《无障碍设计规范》GB 50763—2012 的第8.1.6条要求公共建筑出入口、通道、停车位、厕所、电梯等无障碍设施的位置,应设置无障碍设施标志,并应纳入建筑导向标识系统。然而,有一些公共建筑在这些位置没有设置无障碍设施,但存在无障碍设计需求,因此,规定这些公共建筑宜设置无障碍标识系统。

5 视觉导向标识系统设计

5.1 一般规定

5.1.1 从提高行车效率和保障行车安全看,车行导向标识宜采用与市政道路相同的标识系统,因此宜符合现行国家标准《道路交通标志和标线》GB 5768 的规定。

5.1.3 公共空间中导向标识应当考虑多民族的使用人群,使用多种语言进行信息传播。

5.1.4 导向标识要具有较高的可读性以及较快的信息接收速度。设置合理的尺寸方便阅读,增加读取信息的速度,提升导向效果。标识的设置是由人的行为、经验、习惯以及心理特征与环境空间相互作用产生,标识可以引导人的行为流线,同时人的行为习惯等又决定标识设置的位置及方式。

5.1.5 为了增强标识识别,可在室内空间中的标识以及夜间使用的户外标识本体内增加照明。

5.2 人行导向标识空间位置

5.2.1 标识本体的设置需要符合现行国家标准《公共信息导向系统 设置原则与要求 第 1 部分:总则》GB/T 15566.1 的规定,便于人阅读,无视线遮挡,方便维护和管理。

5.2.2 各类形式导向标识的标识版面信息识别设置位置、尺寸应符合人机工程学要求,保持在各类使用人群正常视觉识别位置尺寸范围内,标识本体其他各部件尺寸应依据此范围及建筑空间体量合理设计尺寸。

根据现行国家标准《公共信息导向系统 要素的设计原则与要求 第 1 部分:图形标志及相关要素》GB/T 20501.1 和《公共

信息导向系统　要素的设计原则与要求　第 2 部分:文字标志及相关要素》GB/T 20501.2,标识的最小尺寸和标识最大观察距离应符合以下公式要求:

$$a = 25L/1000 \tag{1}$$

式中:a——图形标识的尺寸(m);

L——最大观察距离(m)。

5.3　人行导向标识版面设计

5.3.1　表 5.3.1-1 参考现行国家标准《公共信息导向系统　设置原则与要求》GB/T 15566。最大观察距离是指能够保证人眼准确、清晰识别标识的最大距离,是标识版面元素尺寸设计的基本依据。

标识字体视认性除受观察距离影响外,还受阅读移动速度、空间的照明等其他因素影响,并不是字体越大越好,越大的字体意味着标识本体扩大,固定和制造材料增加,成本大幅度提高,对空间环境也造成负面影响。

最大观察距离与图形尺寸和汉字高度关系是制定版面设计参数的基础。很多国家都针对其开展了一系列的研究,通过视认性测试,提出了适合本国文字特点的尺寸标准。

在我国,现行国家标准《公共信息导向系统　设置原则与要求》GB/T 15566 定义了最大观察距离,是指能够保证人眼准确、清晰识别标识的最大距离,并给出了不同最大观察距离下的图形最小尺寸。但对于汉字字高标准,缺乏研究,尤其是试验验证研究。现行国家标准《城市轨道交通客运服务标志》GB/T 18574—2008 参考了日本相关规范要求,给出了不同观察距离下的汉字高度要求,如表 5。

表 5　不同观察距离字高要求

观察距离(m)	汉字字高(mm)	英文字高(mm)
1～2	≥9	≥7
4～5	≥20	≥15

续表 5

观察距离(m)	汉字字高(mm)	英文字高(mm)
10	≥40	≥30
20	≥80	≥60
30	≥120	≥90

由于汉字与日文存在一定差异，该标准是否适合我国情况，缺乏验证。本规范在编制过程中，由上海市政工程设计研究总院（集团）有限公司联合同济大学共同开展了《公共空间标识系统文字高度与识别性关系研究》，对汉字字高标准开展了专题研究，在字体、笔画粗细、色彩、笔画数、字频范围固定的条件下，实验通过改变字高并记录被试者与之相应的视认反应时间，获得字高对识别距离的影响。之后基于回归分析的方法，对标识系统文字高度与识别距离这两个变量之间的关系进行了计算。通过上述分析实验，公共标识上能够被有效识别的汉字高度与认知距离之间存在着较好的相关关系，可以归纳为图 2 所示的线性关系。

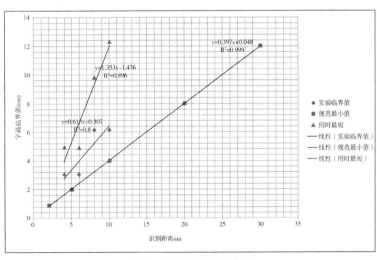

图 2 实验数据关系分析

鉴于实验得出的临界值数值比日本的数据更大,因此在规范草案的基础上提出了新的数值(见本规范表 5.3.1-2)。一般情况下,应满足一般值,条件受限时可采用极限值。

上述指标通过试验获得,为进一步验证本规范指标合理性,项目组开展了相关验证测试工作,实验招募了多人员进行测试,同一字体高度采用不同距离进行识别,之后要求被试人员朝向标识,从远处走近或从近处走远,直至获得极限距离;反之,获得不同距离下字体的极限高度,并与本规范指标对比,基本一致。

5.3.2 阿拉伯数字和其他文字的高度根据汉字的高度确定,之间应保持合适比例关系,一方面能够使标识整体视认性更容易,另一方面合理的比例使两种字体看起来更协调,版面的整体效果更美观。本规范参考现行国家标准《道路交通标志和标线　第 2 部分:道路交通标志》GB 5768.2,并对国内典型工程设计项目进行总结,最终提出本规范的规定值。

本规范汉字的高度 h 与现行国家标准《公共信息导向系统　导向要素的设计原则与要求　第 2 部分:位置标志》GB/T 20501.2 不同,现行国家标准《公共信息导向系统　导向要素的设计原则与要求》中的 h 是中英文两行文字的行高,随着我国国际化程度的加强,建议提高英文在标识中的使用率,并以尽量保证中英文阅读的公平性,因此本规范将 h 单独定义为汉字的高度,英文等其他字体与中文之间保持一定的比例关系。

5.3.3 文字、符号、图形等版面元素的组合设计主要是为控制保持合适的比例关系,一方面能够使标识整体视认性更容易,另一方面合理的比例使得两种字体看起来更协调,版面的整体效果更美观。本规范通过对国内典型工程设计项目进行总结,并借鉴参考了美国机场标识设计手册,最终提出规定值。

5.3.5 单一文字标识是指仅用文字表达独立含义的文字标识。

5.3.8 标识色彩的对比度包括:饱和度对比、明度对比和色相对比。其中明度对比(Light Reflectance Values,色彩反光率)是色彩对比中对于标识最重要的参数。色彩反光率值是物体表面色彩对不同光线和光波的反射值,色彩反光率通常是在日光条件下测定,色彩反光率越高,色彩越明亮(图3)。

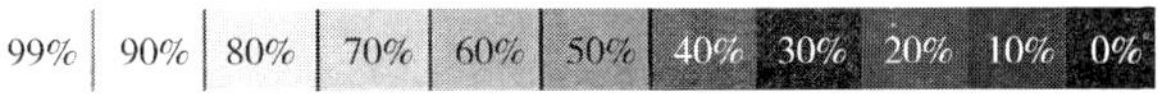

| 99% | 90% | 80% | 70% | 60% | 50% | 40% | 30% | 20% | 10% | 0% |

图3 色彩反光率

色彩反光率在0%到100%的数值范围中,0%表示黑色,100%标识白色。真实世界里不存在绝对的白色和绝对的黑色,肉眼可见的黑色一般在5%的反光率,最白的白色在接近85%的反光率,亮黄色在80%～90%的反光率。

在标识的版面设计中,存在背景色与文字或图标,在色彩上需要进行对比才能被肉眼清晰阅读。通过控制材料表面色彩之间的反光率差值,可以配置所产生的色彩对比效果,并加以测试。明度对比30%基本可阅读,明度对比达到50%可以清晰阅读,因此对于正常视力的人来说,30%以上的色彩反光率是基本适用的,对于视力残疾(弱视力患者等)60%～70%以上的明度对比是较为理想的。

5.4 车行导向标识空间位置与版面设计

5.4.1 为增强标识的可视性,以及增强标识的反射性,通常在标识版面安装时,使其位置和角度满足驾驶人的人机工程学要求,便于识别。

总体上应使标识面垂直于行车方向,根据实际情况调整其水平或俯仰角度。对于路侧标识应尽可能与道路中线垂直或成一定角度;对于门架、悬臂、车行道上方附着式标识的版面应垂直于道路行车方向,且版面宜倾斜一定角度,如图4所示。

5.4.4 在人车混行环境中,同时设置车行导向标识与人行导向标识时,不同系统标识发挥不同的作用,为提高引导效率,避免不同

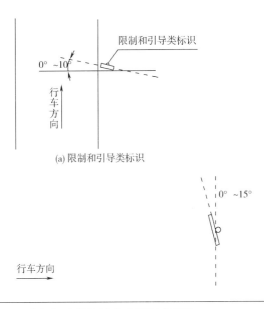

(a) 限制和引导类标识

(b) 车行道上方附着在门架或悬臂上的标识

图 4　交通标识安装角度示意图

系统标识之间的干扰,本规范建议车行导向系统的色彩版面等宜区别于人行导向标识。另外,车辆从市政道路延续到建筑内部,便于驾驶员的识别,建议车行导向标识采用与市政道路一致的色彩体系,这样也有利于行车安全。

5.5　标 识 形 态

5.5.1、5.5.2　结合建筑环境空间及项目形象进行造型设计,设计时首要保证标识本体的安全使用,其次确保其展示信息的功能性,最后以美学元素进行结合建筑空间环境风格或项目形象的艺术造型设计,从而达到标识的使用安全、功能合理、与建筑空间相协调。

5.5.3　本条要求在标识的造型设计上对材料进行规范,材料通过其本身特性来表现标识的质地,材质是标识外形的重要组成部分之一。不仅需要在标识造型设计上考虑材料的经济成本,也需要考虑标识使用过程中材料的安全与环保。

6 其他标识系统设计

6.1 触觉标识系统设计

6.1.1 触觉标识是以触觉形式帮助视力残疾者进行空间导向的设施。按照其设置形式分为:贴面式、落地式、与普通标识结合式、智能移动式。

传统的触觉标识有盲文地图、盲文铭牌、盲文门牌、楼梯扶手部位盲文标牌、走道扶手部位盲文标牌、电梯盲文按钮。

结合新科技,目前也可以将空间信息与盲人的移动触摸式智能导航设备结合在一起,更有效、更有针对性地帮助盲人进行空间导向。

6.1.2 触觉标识不应孤立地设置,要与其他引导信息结合设置于盲人便于找到、触摸到的位置。例如,结合语音导向,将盲人导向至触摸式标识,即触觉标识。

6.1.8～6.1.10 条文中数字来源于:ADAAG 美国残疾人行动便利指导,明确了无障碍设计中的触摸标识(盲文内容)的高度。

6.2 听觉标识系统设计

6.2.3 本条对听觉标识的设置作出规定:

1 言语的清晰度。用言语(单字、词组、句子和文章)来传达信息,对言语信号的要求是语言清晰。在工程心理学上,用清晰度作为言语的评定指标,即人对音节、词或者语句正确听到和理解的百分率。言语清晰度达到96%以上,让人主观感觉完全满意;达到85%～96%,让人感觉很满意;达到75%～85%,让人感觉满意;达到65%～75%,让人感觉言语可以听懂,但费劲;低于65%让人感觉不满意。因此,言语显示清晰度必须达到75%以上,才能正确显示信息。

为了保证在有干扰噪声的环境中进行充分言语通信,则需要按照噪声定出极限通信距离。在此距离内,在一定语言干涉声级或噪声干扰声级下可期望达到充分的言语通信(言语清晰度达到75%以上)。

2 语言的强度。言语显示输出的语音,其强度直接影响言语清晰度。汉语的平均感觉阈限为27dB。根据不同公共建筑的类型和环境噪声设置听觉标识的输出强度,通常语音强度要高于背景环境音15dB。

6.2.4、6.2.5 人对声音信号的检测和辨认要求如下:

(1)信号检测:信号的出现总混有一定的背景噪声,噪声的掩蔽作用会使信号的觉察阈限升高,所以要将信号的响度提高到足以抵消掩蔽效应的水平。在安静环境中纯音信号应高于绝对阈限20dB~40dB才能让人觉察。一般纯音的持续时间不宜短于300ms。

(2)信号的相对辨认:信号的相对辨认指对两个以上同时出现的声音信号加以区分,对声音相对辨认的绩效主要取决于人对声音信号的强度和频率差别的辨别能力。一般要求强度辨别的纯音信号强度至少高于绝对阈限60dB,频率范围在1000Hz~4000Hz为宜。需要做频率辨别的纯音信号,信号强度应高于阈限300dB以上,频率适宜在500Hz~1000Hz范围内。

(3)信号的绝对辨认:信号的绝对辨认指的是根据声音信号的频率、强度、持续时间、方位等维度特性,辨别某种单独显示的听觉信号,多维编码可以提高听觉编码的数目。

(4)信号强度应当高于噪声背景,保持足够的信噪比,以防止声音掩蔽效应带来的不利影响。

6.3 感应标识系统设计

6.3.2 日本埼玉县新都心采用了一种携带式末端显示器的声音

引导装置,视力残疾人可以在综合服务处免费租借到一个携带式末端显示器,与之相应的是,新都心内的53个主要交通节点处都设置了特别的信息牌,它们内置了信息接收装置,当视力残疾人接近这个信息牌的时候,携带式末端设备会发出声音信号,收到信号的信息牌也会发出"这里是综合指示板"的声音。视力残疾人通过信息牌上的盲文按钮所提供的声音指示信息完成导向识别寻路功能。这一套系统的运用收到了良好的效果和积极的反馈,值得我们借鉴。

6.3.3 感应器类型多样,可设置的范围广泛,应当做好电子元件的保护措施防止浸水或外力破坏。感应标识应当设置于适合设备运作的位置,置于防水、防尘、防冲撞等环境中,以保证感应标识可正常使用。避免金属材料对感应设备的阻碍而影响信息读取。具体可参考以下国际标准:

(1) ISO/IEC 14443 近耦合 IC 卡,最大的读取距离为 10cm。

(2) ISO/IEC 15693 疏耦合 IC 卡,最大的读取距离为 1m。

(3) ISO/IEC 18000-3 该标准定义了 13.56MHz 系统的物理层,防冲撞算法和通讯协议。

(4) 13.56MHz ISM Band Class 1 定义 13.56MHz 符合 EPC 的接口定义。

(5) ISO/IEC 18000-6 定义了超高频的物理层和通讯协议。

6.4 交互式标识系统设计

6.4.1 交互式标识系统在公共建筑中已广泛应用,具有良好的效果,特别是在人员密集、流动性大的场所,效果更加凸显。本条规定 2 万 m^2 以上的一些类型公共建筑宜设置交互式标识系统,是编制组经过大量调查,从实际使用效果出发确定的指标要求。

交互式标识根据其不同的终端界面,分为固定界面交互式标识、可移动界面交互式标识、支持自携带设备交互式标识。

固定界面交互式标识是指采用可触摸电子屏幕、盲文按钮+

发声设备等方式给使用者提供信息的标识类型。其信息显示界面由空间中固定的、不可移动的设备组成。

可移动界面交互式标识是指采用可移动设备的方式传递导向信息的交互式标识,如博物馆、展览馆中常常使用的解说器、解说耳机,供盲人使用的导航耳机等。

自携带设备交互式标识是指建筑空间内提供的导向信息二维码、导向信息网络等,其信息显示的终端界面是由使用者自携带的手机、可移动电脑、平板电脑等设备的标识。

6.4.2 交互式标识由于其使用特点,较容易成为视线的焦点。如果交互式标识设置的位置不当,人们可能会只注意到交互式标识而忽略一般导向标识。

根据调研,人们在使用交互式标识时,更容易出现步速减缓或站立的行为。如果交互式标识的设置位置处在空间流线的集中处,就可能对流线畅通造成不利影响。

7 标识本体

7.1 一般规定

7.1.4 在现有喷涂防锈工艺条件下,黑铁钢材在室外防锈时间最长2年,远达不到第3.2.3条提出的5年、10年设计使用年限。日本室外标识多数使用不锈钢材料就是一个佐证。而且,经工厂化表面处理的不锈钢材料,标识版面不再做油漆喷涂处理,更能有效地减轻对环境的压力。虽然初始投资成本会增加,但从性价比、有效使用时间核算,业主及社会成本还是节约的。

7.1.5 本条规定是基于消防和使用安全考虑的。

7.1.6 光源宜采用LED灯,其发光效率高、功耗低、寿命长。

7.1.7 选择电光源型标识是采用给标识本体内灯具供电,使得标识体的表面发光亮度和照度比其他自发光标识体要高很多,且醒目,只要电源不中断,可持续发光;因为灯具要长时间点亮,因此要求灯具和光源都要节能。

7.2 材　料

7.2.9 专色烤漆宜选用汽车漆,半亚光,具备耐磨损性和不粘附性,光泽效果均匀。

7.2.10 丝网印刷油墨宜采用能浸蚀至底料的防紫外线丙烯酸类,且应能抵御正常的维修及清洁工作的磨损。

7.3 结　构

7.3.1 由于标识结构所采用的材料,所处环境条件,以及结构形式,使用要求和施工条件等的不同,造成的腐蚀速率也有很大差别,适用的防腐蚀方法也各不相同。因此,只有选择适宜的防腐蚀措施,才能做到先进、经济和实用。

7.3.2 标识本体应进行各种荷载组合下的强度、刚度、稳定和施工应力验算。同时,应满足构造规定和工艺要求。标识结构主要承受自重以及直接作用于其上的风荷载、地震作用,其荷载应按现行国家标准《建筑结构荷载规范》GB 50009 规定执行。标识本体的钢结构,应按照现行国家标准《钢结构设计规范》GB 50017 执行。对于与水平面夹角小于 75°的标识本体,应根据其所处的具体条件来考虑雪荷载、活荷载或积灰荷载的其中一种或者多种荷载的影响。

7.3.3 标识本体结构的设计是指对标识本体结构中所有部件、构件和连接的设计。

7.3.4 有些标识结构自身的变形能力较小,不能承受过大的位移。在水平地震或风荷载作用下,主体结构将会产生侧移,从而对这类标识结构造成破坏。为防止标识结构因此破坏,连接必须具有一定的适应位移能力。

此外,主体结构应能有效承受标识结构传递的荷载和作用,必要时应考虑标识结构对主体结构的影响。

7.4 供 配 电

7.4.1 单相供电负荷功率在 2000W 及以上的标识照明的电源电压宜采用 380V,因为 2000W 及以上的单相负荷,每相电流较大,线路损耗也较大。采用 380V,可以降低传输电流,减少线路损耗。

7.4.2 照明设备对电压偏差有一定要求,照明器端的电压偏差超过允许值时,将使照明器的寿命降低或光通量降低;设计时,应验算供电电压偏差,当供电网或供电线路满足不了端电压,应考虑采用调压装置或增大导线截面。

在电压偏差较大的场所,有条件时,应设置自动稳压装置。

7.4.3 本条对供标识照明用的配电变压器的设置要求作出了规定。

7.4.4 本条主要是考虑到照明系统的检修安全,有明显的断开点;配电线路设置短路和过负荷保护是预防电气火灾的重要措施之一,目的是避免线路因过电流导致绝缘受损,引发电气火灾、短路跳闸等事故。

7.4.5 本条规定主要是防止连接到灯具上的导线过热,避免灯具自身产生的高温造成导线的绝缘损坏、老化,穿管保护是为了防止导线过载燃烧而造成电气火灾或中断供电。

7.4.6 本条规定是为了避免触电,保护人身和设备安全。

7.4.7 本条是根据现行国家标准《低压电器外壳防护等级》GB/T 4942.2 的规定确定防护等级,以及对外壳材料的环保及耐久性的要求。

7.4.8 因落地式电光源型标识人身容易触及,本条规定是为了防止人身触电事故而定。

7.4.9 因户外标识体安装在室外,易受雷击,强大的雷电流不但会击坏户外标识体,而且还会有闪电感应的电磁脉冲通过配电线路引入到室内,造成配电系统损坏,因此采取有效的防雷和接地措施很重要。

7.4.10 本条规定是考虑到照明设备运行维修安全。

7.4.11 本条规定是为了防止雷击,保护室外标识设备。

7.4.12 本条规定是保护管内导线散热,施工穿线和维修更换方便,不损坏电缆及其绝缘;采用厚壁钢管是为了防止锈蚀。管线埋设深度要求,是防止地面上车辆等设备产生的机械应力对管线的损坏。

7.5 照明与显示

7.5.1 本条规定了不同的安装场所环境下,室内和室外标识照明的最大允许亮度以及亮度的对比度、均匀度指标,以便选取。在不同的环境区域内,安装不同面积的标识照明都应考虑与周围环境相协调,并确定合适的标识照明表面亮度指标,防止光污染,达到安全、舒适、节能的效果。

第1、2款是根据现行国内外标准、规范和技术资料,如北美照明手册以及国家现行标准《城市夜景照明设计规范》JGJ/T 163—2008、北京市地方标准《城市景观照明技术规范》DB11/T 388.1—2015、上海市地方标准《城市环境(装饰)照明规范》DB31/T 316—2012所得出的对比度和均匀度指标的结论而定的。

7.5.2 限制城市室外照明设施产生的光污染已有国际标准,如CIE出版物《城区照明指南》No136(2000)、《限制室外照明设施的干扰光影响指南》No150(2003)等都有规定。强调在保证照明功能的要求下,防止照明产生的光污染,避免出现先污染后治理的现象。

(1)居住区内住户居室干扰光的控制不应大于表6和表7的规定。

表6 住户居室窗户表面上垂直照度的最大值(lx)

时 段	环境区域			
	E1	E2	E3	E4
熄灯时段前	2	5	10	25
熄灯时段	0	1	5	10

注:考虑对公共(道路)照明灯具会产生影响,E1区关灯后的垂直照度的最大允许值可提高到1lx。

表7 指向住户居室窗户的灯具最大光强限值(cd)

时 段	环境区域			
	E1	E2	E3	E4
熄灯时段前	2500	7500	10000	25000
熄灯时段	0	500	1000	2500

注:1 要限制每个能持续看到的灯具,瞬时或短时间看到的灯具不在此列;
  2 如果看到的光源是闪动的,其发光强度应降低一半;
  3 如果是公共(道路)照明灯具,E1区关灯后灯具发光强度最大允许值可提高到500cd。

(2)居住和步行区标识照明灯具眩光的控制不应大于表8的规定。

表8 居住和步行区室外标识照明灯具的眩光控制

安装高度(m)	L 与 A 的关系
$h \leqslant 4.5$	$LA^{0.5} \leqslant 4000$
$4.5 < h \leqslant 6$	$LA^{0.5} \leqslant 5500$
$h > 6$	$LA^{0.5} \leqslant 7000$

注:1 L 为灯具与向下垂线成85°和90°方向间的最大亮度(cd/m^2);
　2 A 为灯具在与向下垂线成85°和90°方向间的出光面积(m^2),包括所有表面。

7.5.3 各种光源参数需按国家所规定的产品技术要求和有关规范来确定。本条通过广泛征求意见而形成。

1 本款应符合现行国家标准《单端荧光灯性能要求》GB/T 17262、《单端荧光灯的安全要求》GB 16843、《单端荧光灯能效限定值及节能评价值》GB 19415、《普通照明用自镇流灯的安全要求》GB 16844、《普通照明用自镇流器灯性能要求》GB/T 17263、《普通照明用自镇流荧光灯能效限定值及能效等级》GB 19044 的规定。

2 本款应符合现行国家标准《双端荧光灯性能要求》GB/T 10682,电子镇流器应符合《灯的控制装置 第4部分:荧光灯用交流电子镇流器的特殊要求》GB 19510.4、《管形荧光灯用交流电子镇流器 性能要求》GB/T 15144、《普通照明用双端荧光灯能效限定值及能效等级》GB 19043 和《电磁兼容 限值 谐波 电流发射限值(设备每相输入电流≤16A)》GB 17625.1 的规定。

3 本款应符合现行国家标准《LED模块用直流或交流电子控制装置 性能要求》GB/T 24825、《灯的控制装置 第14部分:LED模块用直流或交流电子控制装置的特殊要求》GB 19510.14、《普通照明用LED模块 安全要求 LED》GB 24819、《普通照明用LED模块 性能要求》GB/T 24823、《装饰照明用LED灯》GB/T

24909 的规定。

7.5.4 本条规定是选择照明光源和灯具的一般原则：

1 标识照明应选用有较高的反射比材料，以提高标识面的亮度。

2 细管径直管形荧光灯、紧凑型荧光灯或发光二极管（LED）因体积小通常比较适用于内透光照明。

3 直管形荧光灯应配用电子镇流器或节能型电感镇流器，不应配用功耗大的普通型电感镇流器，以提高能效。

4 当采用高压钠灯和金属卤化物灯时，宜配用镇流器功耗占灯功率的百分比小于 11% 的节能型电感镇流器，它比普通电感镇流器节能；这类光源的电子镇流器尚不够稳定，暂不宜普遍推广应用，对于功率较小的高压钠灯和金属卤化物灯，可配用电子镇流器，目前市场上有这种产品。在电压偏差大的场所，采用高压钠灯和金属卤化物灯时，为了节能和保持光输出稳定，延长光源寿命，宜配用恒功率镇流器。

5 强调标识照明灯具的线路功率因数不应低于 0.9，用以保证配电电压的质量，减少线损和释放系统容量，同时也可以减少线路导线的截面，即减少了有色金属的消耗。

7.5.5 本条强调标识照明灯具的系统能效要求，避免灯具效率过低，浪费电能。

7.5.6 为了保障人身安全，灯具所有带电部位必须采用绝缘材料加以隔离，做好防触电保护。

7.5.7 本条是对标识照明节能控制方式的规定。

1 采用分区或分组集中控制，有利于节能，也便于维护。

2 采用智能控制方式及手动控制功能，以便由专业人员专管或兼管，用手动或自动方式开关标识灯具；设置多种开灯控制模式，便于按需要调整标识照明灯的开闭，有利于节电。

3 为以后进行统一的联网控制和管理提供条件所需。

7.5.8 依据表 3.1.1 公共建筑标识分类序号 3"显示方式"中的

"标识类别"：静态标识、动态标识。本条应该是指电子显示屏这一类的动态标识，故我们在前面加注"动态"两字，以区别于第7.5.1条～第7.5.7条所表述的静态显示内容，以下相同。

对于大型公共空间（含商业、交通枢纽等公共场所）中设置的动态标识信息显示系统，主要作用为公共信息显示和发布，可和建筑物内的弱电信息系统进行功能的合并和整合，以节省管线和后台控制及管理机等设备的投资。

7.5.9 根据使用的需求，在充分衡量各类显示器件及显示方案的光和电技术指标，以及环境适应条件等因素的基础上确定屏面显示方案，是标识信息系统装置设计的重要工作之一。目前信息显示领域对显示器件的要求主要集中在四个方面：大屏幕、高分辨率及高清晰度、低功耗、低成本。当前工程中所采用的显示装置主要有以下三类：发光二极管 LED 显示屏、等离子体 PDP 显示屏、液晶 LCD 显示屏，应根据环境和使用要求选取合适的显示装置。

7.5.10 为便于信息的动态即时的显示和发布及管理，应采用计算机控制装置对各类标识信息进行控制和显示，以满足人们对各类公共环境显示标识的要求。

清屏功能是用于阻止屏幕显示及屏幕发生逻辑混乱时使用。

8 制作安装、检测验收和维护保养

8.1 一 般 规 定

8.1.1 本节从标识的施工安装、检测与验收、维护与保养等方面提出原则性要求。本条揭示了标识安装的基本原则就是必须确保已有建筑物的安全性和整体性。

安全检测、工程验收的程序和参与人员等原则方面的要求建议如下：

（1）标识设施应由具备行业相关资质证书的单位进行设计复核；并应由具备建筑、安装施工资质的企业按图制作安装施工，施工还应实行监理。

（2）公共建筑标识应从初次安装之日起，每2年对标识本体结构进行一次安全检测，每半年对标识版面进行一次质量检查。

（3）室外标识的安全检测必须由专业检测机构进行检测。

（4）应对被验标识系统工程进行全面检查，对照施工图和相关规范规定进行验收。工程竣工验收应由建设单位主持，安装单位和设计单位参加，并由建设单位提交有关的质量监督部门备案。对大型标识项目或当标识结构复杂、用电功率较大时，建设单位必须邀请有关的质量监督部门检查。标识设计图纸以及其他相关文件应作为技术档案由设计单位和建设单位分别存档。

（5）标识系统工程完成后，所有设计资料应作为技术档案与甲方交接，甲乙两方分别存档，以备后期维护和使用过程中发现问题时及时查找、使用。

8.1.2 本条是标识牌制作安装的原则要求，具体技术要求见本章第8.2节。

8.1.3 在标识牌投入使用后，其材料、设备、构造及施工上的一些问题可能会逐渐暴露出来,因此,日常和定期保养和维护不可缺少。维护和保养的具体要求见本章第8.4节。

8.2 制作与安装

8.2.1 为延长标识的使用寿命,应当合理选择材料,并对材料表面进行相应的防腐处理。

钢结构除锈质量分为三级,并应符合国家行业规定。

第1级:喷钢矿砂或石英砂除锈,钢材表面露出金属色泽。

第2级:喷砂抛丸和酸洗钢材,钢材表面露出金属色泽。

第3级:一般工具(钢铲、钢刷),钢材表面存留少量轧制表皮。

第1、2级用于出厂检验,第3级用于补涂防锈处理。

钢结构防腐的关键是制作时将铁锈清除干净,其次应根据不同的情况选用高质量的油漆或涂层,以及采取妥善的维修制度。

8.2.2 如构件需要在现场制孔,则安装时螺孔不应采用气割扩孔。

8.2.4 构建组装前,应将连接表面及沿焊缝每边30mm～50mm范围内的铁锈、毛刺和油污等清除干净。

8.2.6 为保证印刷精度和质量,在彩色丝网印刷时要使用坚固、不变形的金属网框。避免使用不坚固的网框或木框制版,在印刷中容易发生歪斜或变形。

丝网印刷应当符合丝网印刷检验规范。没有起牙、漏印、针孔、异色点、油渍/脏污、划痕、缩水、变形、缺胶、水纹、披锋、熔接线等。

8.2.10 标识与建筑立面的固定和连接对于标识结构系统的安全有着至关重要的影响,所以对于固定和连接的施工应引起足够的重视。特别是采用化学锚栓、化学植筋进行锚固时,应锚固于混凝土结构内,不得在装饰面层或保温层上进行锚固,施工时应严格执行。

此外,安装螺栓的质量应符合设计要求,受拉普通螺栓紧固后

(必须采用双螺母或弹簧垫片防松),螺杆外露长度可为 2 至 3 丝扣。

8.3 检测与验收

8.3.1、8.3.2 对于标识结构安全检测的技术要求,中国工程建设标准化协会标准《户外广告设施钢结构技术规程》CECS 148 列出了需要检测的项目,浙江省地方标准《户外广告设施技术规范》DB33/T 700 对各个需要检测项目的检测分项、检查数量及检测方法进行了详细的说明。这两条参考上述两本技术标准对钢结构标识结构、基础等技术检测提出了要求。

8.3.3 本条规定来源于现行行业标准《内部照明标志》JT/T 750,在该标准基础上通过广泛征求意见而形成。

8.3.4 室外标识结构的防雷等级应按其安装位置,根据现行国家标准《建筑物防雷设计规范》GB 50057 的规定确定。

室外标识结构的防雷装置(包括接闪器、引下线、接地装置、过电压保护及其他连接导体)应根据所处的防雷环境进行设计。防雷设计中必须具有防止直接雷、感应雷和雷电波侵入的措施。

当室外标识安装在高层建筑的屋顶或外墙时,其防雷装置可结合建筑的防雷接地系统进行设计。

室外标识的钢结构框架、金属面板等可作为防雷装置的接闪器、引下线,但必须与屋顶和墙面的避雷带、避雷网、引下线多处焊接连接。

独立的室外标识,除安装在受保护的避雷带、避雷网内外,其钢结构框架、金属面板、钢结构柱体均应可靠接地。

本条参考浙江省地方标准《户外广告设施技术规范》DB33/T 700 对防雷接地线路等技术检测提出了要求。

8.4 维护与保养

8.4.1 定期对标识进行检查和维护,对标识各部件的牢固度、风化、老化程度进行检修和加固，在中国工程建设标准化协会标准《户外广告设施钢结构技术规程》CECS 148、上海市地方标准《上海市户外招牌设置技术规范》和浙江省地方标准《户外广告设施技术规范》DB33/T 700 均有详细且一致的介绍和说明。第 8.4.1 条～第 8.4.5 条对于标识的维护和保养标准与程序主要依据上述的标准提出。

8.4.2 安装焊缝的质量应符合设计要求，所有现场焊缝应按 3 级焊缝进行检查，检查合格后方可进行防锈处理。

8.4.5 大风、大雪和梅雨季节对于标识结构和电气照明设施影响较大，往往能造成人员伤亡和财产损失，这样的例子每年都有发生。所以在风季、雪季和梅雨季节的定期巡查和大风、大雪来临前的突击巡查尤为重要，应该严格执行。

附录 A 室内外标识照明的平均亮度最大允许值

A.0.1 公共建筑室内标识照明亮度最大允许值,是依据电光源型标识相关产品以及公共建筑空间的现场测试所获取的大量实测数据,并通过与理论计算值比较而得出所推荐的。

A.0.2 公共建筑室外标识照明亮度最大允许值则是按CIE出版物《城区照明指南》No.136(2000)和《限制室外照明设施产生的干扰光影响指南》No.150(2003)及现行行业标准《城市夜景照明设计规范》JGJ/T 163—2008的相关规定而选用的。